客戶重要性與審計質量
基於微觀執業環境視角的研究

胡南薇 著

崧燁文化

摘　要

　　客戶重要性是否會對審計質量產生影響，以及產生何種影響是國際審計學術界和實務界關注的重要議題。由於研究結論的不一致性，研究者開始關注可能影響兩者關係的宏觀制度環境因素。然而，宏觀制度環境的變革一般需要經歷漫長的過程，而且對於註冊會計師行業而言往往是不可控且不具有操作性的。因此，相對於改變宏觀制度環境，改善微觀執業環境，降低客戶重要性對審計質量的負面影響顯得更為現實和有效。目前鮮有文獻對此進行深入研究。鑒於此，本書試圖從微觀執業環境入手，分析客戶和事務所兩個層面的微觀因素對客戶重要性與審計質量關係的影響，以彌補此方面理論研究的不足，並為治理客戶重要性的負面影響提供政策建議。

　　本書試圖基於客戶和事務所兩個層面考察微觀因素對客戶重要性與審計質量關係的影響。在客戶層面上，由於審計風險可能導致審計失敗，因此在不同審計風險情形下，客戶重要性對審計質量的影響可能存在差異；隨著客戶風險的性質越來越嚴重，客戶重要性對審計質量的負面影響可能會越來越小。在事務所層面，事務所規模的大小、任期的長短以及是否具備行業專長都會不同程度地影響客戶重要性與審計質量的關係。因此，本書的實證分析也將從以上微觀因素展開。

　　通過實證分析，本書的研究結論顯示：審計師並不會僅僅因為經濟依賴而在審計質量上妥協，微觀因素會在其中發揮較大的因素。首先，當客戶存在較高的審計風險時，客戶重要性對審計質量的負面影響是非常有限的，而且隨著客戶風險性質嚴重程度提高，這種負面影響會趨於消失。其次，當事務所審計任期較短或者事務所規模較大時，客戶重要性對審計質量的負面影響更為顯著。最後，當事務所具備一定行業專長時，經驗證據顯示，其行業專長能夠較好地抑制客戶重要性的負面影響。

　　本書的理論創新與政策含義主要表現在：第一，本書首次基於微觀執業環

境的研究視角較為深入地考察了客戶重要性與審計質量關係，不僅彌補了此方面理論研究的不足，同時也為深入理解客戶重要性對審計質量的作用機制和影響機理提供了新的理論解釋和研究視角。第二，本書對中國上市公司財務重述行為進行了更為深入的解讀，不僅擴展了財務重述經濟後果的研究領域，更重要的是進一步厘清了財務重述經濟後果的產生機理。第三，本書針對客戶層面研究了審計風險及其性質對客戶重要性與審計質量關係的影響，其結論為中國會計師事務所風險管理行為的監管、註冊會計師強制輪換政策、事務所做大做強政策以及相關審計準則的修訂與完善提供必要的經驗支持和政策建議。第四，本書針對事務所層面研究了事務所相關特徵對客戶重要性與審計質量關係的影響，得到的研究結論為監管機構從事務所層面治理客戶重要性的負面影響提供了政策指引。第五，本書針對財務重述樣本進行了較為深入的實證分析，相關結論也為治理中國上市公司財務重述行為提供了有益途徑，對進一步提高中國資本市場配置效率也具有重要的現實意義。

關鍵詞：客戶重要性、審計質量、微觀執業環境、財務重述、審計風險、風險性質、事務所特徵、行業專長

Abstract

The relation between client importance and auditor independence has been heavily debated by regulators, investors, professionals, and academic researchers. Although researchers begin to pay attention to macroscopic institution circumstances because of the contradiction of the results, the reform of macroscopic institution circumstances need a long time commonly and can't be controlled by accounting profession. Therefore, compared to macroscopic institution circumstances, it is more effective to decrease the negative effect of client importance through improving microcosmic practice circumstances. However, there are very little literatures about it currently. The main purpose of this project is to examine how microcosmic practice circumstances affect the relationship between client importance and audit quality.

This paper attempts to examine the effect of micro factors of client and audit firm on the relationship between client importance and audit quality. On the client level, as the audit risk will result in audit failures, the effect of client importance on audit quality may be different under different audit risk circumstances. Moreover, the more serious the nature of the client risk is, the smaller the negative impact of client importance is. On the audit firm level, the size of firms, the length of the term and the industry specialization will all affect the relationship between client importance and audit quality. Therefore, this paper will also analyze these microeconomic factors in empirical methods.

According to the empirical analysis, the auditor will not compromise in the audit report decision only because of economic dependence, the microeconomic factors will play an important role in affecting audit quality. First of all, for the low risk client, auditors are less likely to issue severe opinion as client importance increases. But the relationship between client importance and audit quality isn't significant for the highrisk client. And when we distinguish the nature of client risk by the inner causes of financial restatement, we find that the negative relationship between client importance and audit quality diminish. What's more, we find that compared to long audit tenure, the relationship between client importance and audit quality is more likely to be negative in short audit tenure. And when we distinguish the audit firms' characteristics by size, we find that compared to small audit firms, the relationship between client importance and audit quality is more likely to be negative in big audit firms. Finally, empirical evidence shows that the industry specialization of auditor can inhibit the negative influence of client importance on audit quality.

This paper not only provides new empirical evidence and theoretical explanation for the relationship between client importance and audit quality, but also provides theoretical basis and policy direction for policy maker to decrease the negative effect of client importance on audit quality. Meanwhile this paper has important policy implications for audit governance of financial restatements and governance direction of audit risk management.

Keywords: client importance; audit quality; micro-practice environment; financial restatement; audit risk; the nature of risk; audit firms' characteristics; industry specialization

目　錄

1　引言 / 1
　　1.1　研究背景及動機 / 1
　　1.2　研究目標與思路 / 3
　　1.3　本書內容及研究框架 / 6

2　客戶重要性、審計風險與審計質量 / 9
　　2.1　概述 / 9
　　2.2　文獻回顧與研究假設 / 10
　　2.3　研究設計 / 13
　　2.4　研究樣本 / 15
　　2.5　實證結果 / 17
　　2.6　穩健性檢驗 / 22
　　2.7　本章小結 / 24

3　客戶重要性、風險性質與審計質量 / 26
　　3.1　概述 / 26
　　3.2　文獻回顧與研究假設 / 27
　　3.3　研究設計 / 30
　　3.4　研究樣本 / 32
　　3.5　實證結果 / 34
　　3.6　穩健性檢驗 / 41

3.7 本章小結 / 45

4 客戶重要性、事務所特徵與審計質量 / 47

4.1 概述 / 47

4.2 文獻回顧 / 48

4.3 研究假設 / 50

4.4 研究設計 / 53

4.5 研究樣本 / 56

4.6 實證結果 / 58

4.7 穩健性檢驗 / 65

4.8 本章小結 / 69

5 客戶重要性、行業專長與審計質量 / 71

5.1 概述 / 71

5.2 文獻回顧與研究假設 / 72

5.3 研究設計 / 76

5.4 研究樣本 / 78

5.5 實證結果 / 79

5.6 穩健性檢驗 / 84

5.7 本章小結 / 86

6 結論、研究意義與后續研究方向 / 88

6.1 研究結論與啟示 / 88

6.2 本書的創新、貢獻及研究意義 / 90

6.3 本書的局限性及未來研究方向 / 92

參考文獻 / 94

1 引言

1.1 研究背景及動機

  審計業務中的客戶重要性問題一直以來都受到監管機構和學術界的廣泛關注。審計收費使得客戶與審計師之間存在一定的經濟聯繫，為了挽留住客戶，審計師有動機犧牲其獨立性並發表不恰當的審計意見。而當客戶越重要，這種經濟聯繫就更密切，審計師可能就對客戶更為依賴。長期以來，監管機構認為這種經濟依賴性會對審計師的獨立性產生不利的影響（Mautz and Sharaf, 1961；AICPA，1978），進而損害審計質量[①]。安然舞弊事件和安達信會計師事務所的倒閉又進一步加深了監管機構的擔憂。大量研究試圖考察，是否審計師對客戶的經濟依賴程度越大，投資者所認知的審計質量越差（Krishnan et al., 2005；Francis and Ke, 2006；Khurana and Raman, 2006；Ghosh et al., 2009）。目前，已有的研究往往選擇直接考察客戶重要性與審計質量的關係，而對於是否能影響實際的審計質量，尚未得到一致的結論。Ferguson 等（2004）分別以操縱性應計利潤的絕對值和客戶發生財務重述的可能性衡量審計質量。研究發現，客戶重要性水平越高，則其操縱性應計利潤的絕對值和發生財務重述的可能性越大。這表明，客戶重要性與審計質量存在負相關關係。而與此相反，Reynolds and Francis（2001）以及 Hunt and Lulseged（2007）卻發現，客戶重要性與操縱性應計利潤的絕對值負相關。Reynolds and Francis（2001）還以審計師對財務困境客戶出具持續經營審計意見的可能性衡量審計質量。結果發現，客戶重要性水平越高，審計師越傾向於出具持續經營審計意見。Gaver and Paterson（2007）集中考察保險行業，以財務狀況不佳的公司低估準備金的可

[①] 學術界普遍認為，審計質量取決於審計師的專業技能和獨立性兩個方面。

能性衡量審計質量。結果發現，隨著客戶重要性水平的提高，財務狀況不好的公司低估準備金的可能性逐漸降低。這些研究表明，審計師在審計大客戶時會更為穩健，審計質量不僅沒有降低，反而顯著提高了。此外，Craswell 等（2002）與 Chung and Kallapur（2003）分別以審計師出具非標準審計意見的可能性和操縱性應計利潤的絕對值計量審計質量，但未能發現客戶重要性與審計質量存在任何顯著的相關關係。

　　基於以上研究結論的不一致性，研究者意識到客戶重要性與審計質量的關係可能並不是獨立的，而是會受到其他因素的影響。於是，相關文獻開始關注影響這兩者關係的宏觀制度環境因素。總體研究表明，宏觀制度環境的改善會削弱審計師對客戶經濟依賴的負面影響。具體來說，Li（2009）以 2002 年 SOX 法案的實施作為制度環境的分界點。研究發現，在 2002 年之前，客戶重要性與持續經營審計意見不存在顯著的相關關係；而 2002 年之後，兩者存在顯著的正相關關係。基於中國的經驗數據，Chen, Sun and Wu（2010）以 2001 年銀廣夏事件作為制度環境的分界點。研究發現，在 2001 年以前，客戶重要性水平越高，審計師越不傾向於出具非標準審計意見；而在 2001 年之後，客戶重要性與非標準審計意見的可能性則不存在顯著的相關關係。然而，同樣基於中國上市公司數據，劉啓亮等（2006）和喻小明等（2008）却沒有得到相似的研究結論。劉啓亮等（2006）以 2003 年《最高人民法院關於受理證券市場因虛假陳述引發的民事賠償案件的若干規定》的頒布實施作為制度環境的分界點。研究發現，在 2003 年之前，客戶重要性與操縱性應計利潤的絕對值不存在顯著的相關關係；而在 2003 年之後，客戶重要性與操縱性應計利潤的絕對值顯著負相關。喻小明等（2008）以 2006 年新審計準則和會計準則的頒布實施作為制度環境的節點。研究發現，在 2006 年之前，客戶重要性與操縱性應計利潤的絕對值不存在顯著的相關關係；而在 2006 年之後，兩者在 1% 的水平上顯著負相關。這些結果表明，即使在考慮了宏觀制度環境的影響后，研究者對於客戶重要性與審計質量的關係，仍然沒有取得一致的研究結論。

　　然而，宏觀制度環境的變革一般需要經歷一個漫長的過程，而且對於註冊會計師行業自身而言往往是不可控的。因此，相對於改變宏觀制度環境，改善微觀執業環境，降低客戶重要性對審計質量的消極影響，或者增強客戶重要性對審計質量的積極影響，顯得更為現實和有效。而據我們所知，目前在國內外重要的會計期刊上僅有兩篇實證文獻考察了微觀執業環境因素的影響。其中，Sharma 等（2011）關注審計委員會的監督效力。他們研究發現，審計委員會的監督效力越強，客戶重要性與盈余管理的正相關關係越弱；Chi 等（2012）

關注事務所的品牌知名度。他們的研究結果表明，事務所的品牌知名度越高，審計師越不傾向於向重要客戶妥協審計質量。鑒於此方面理論研究的缺失，本書試圖從客戶、事務所兩個層面深入考察影響客戶重要性與審計質量關係的微觀執業環境因素。

1.2 研究目標與思路

本課題的研究目標是充分利用已有的客戶重要性與審計風險管理的研究成果，並結合聲譽理論、認知心理理論、信號理論和客戶風險管理理論，以審計師對財務重述信息風險的反應為研究視角，重新考察客戶重要性與審計質量的關係，並在此基礎上進一步從客戶以及事務所兩個層面深入研究微觀執業環境對客戶重要性與審計質量關係的影響。具體研究思路如下：

1.2.1 財務重述與審計師反應

本書試圖首先考察並分析審計師對上市公司財務重述的反應，這將為本書展開后續研究提供理論基礎。由於本書以審計師對財務重述信息風險的反應為研究視角，因此我們在考察客戶重要性與審計質量的關係及影響兩者關係的微觀執業環境因素之前，應首先回答兩個基本問題：第一，財務重述行為是否意味著公司重述期財務報表存在較高的信息風險？第二，審計師是否能夠識別出財務重述所蘊含的風險？

對於第一個問題，財務重述意味著公司前期已經披露的財務報告存在重大會計差錯，這表明財務重述公司的聲譽，特別是與財務報告系統相關的聲譽處於較低的水平。這是因為，具有良好聲譽的公司可能存在某種企業文化或氛圍，激勵治理層、管理層和其他員工在財務報表編製和監督過程中更加誠實、勤勉和可信；而且，對於具有良好聲譽的公司，其治理層和管理層可能更願意增加投入以加強財務報告質量，包括在公司財務與內部審計部門採用先進的信息技術、雇傭高素質的職員；最后，對於聲譽較好的公司，其治理層和管理層可能更願意聘請具有財務專長且正直、誠實的財務主管。而已有研究表明，公司聲譽水平越低，其財務報告質量越差（Hermalin, 2001; Ying et al., 2011）。從而，我們可以推論出財務重述公司在重述當期具有較高的信息風險。對於第二個問題，如果審計師能夠理性地識別出財務重述所蘊含的重述當期信息風險，那麼為了將審計風險保持在可接受的範圍內，審計師將採取適當的風險管

理戰略予以應對（Johnstone and Bedard，2004）。而最為直接和有效的風險管理戰略則可能是出具嚴厲的審計意見（Kim et al.，2006）。而且，如果審計師能夠理性的識別出不同性質財務重述所蘊含的重述當期信息風險的程度，那麼審計師對不同性質財務重述公司出具嚴厲審計意見的可能性將存在差異。① 因此，本書的研究將主要基於審計意見檢驗審計師對財務重述信息風險的認知行為。

1.2.2 客戶重要性與審計質量——財務重述視角的經驗證據

在解決完上述兩個問題的基礎上，本書將以審計師對財務重述信息風險的反應為研究視角展開研究，這將為客戶重要性與審計質量關係的研究提供新的經驗證據。從理論上講，一方面，當審計師擬出具嚴厲審計意見時，重要的財務重述客戶有動機通過終止合約關係向審計師施加壓力（DeAngelo，1981），審計師出於經濟依賴傾向於保留該客戶，向重要的財務重述客戶妥協，審計師的獨立性因此受到損害（DeFond et al.，2002）。而獨立性的損害會削弱審計師對其風險的反應程度。另一方面，審計師同樣有動機保護其聲譽，降低訴訟和監管風險。對於重要的財務重述客戶，低質量的審計會嚴重損害審計師的聲譽，從而對其在審計市場上承接和保留客戶產生不利的影響（Reynoldsand Francis，2001）。此外，重要的財務重述客戶的審計失敗更容易導致訴訟（Stice，1991；Lys and Watts，1994）和行政處罰（Chen，Sun and Wu，2010）。此時，審計師對此類客戶可能更加謹慎（Krishnan and Krishnan，1997），從而增強對其風險的反應程度。

綜上所述，我們並不明確，對於重要的財務重述客戶，審計師如何在經濟依賴和潛在的損失之間進行權衡。在這裡，我們通過構建財務重述與客戶重要性的交乘項，從審計意見等方面重新檢驗客戶重要性對審計質量的總體影響。

1.2.3 客戶層面決定因素

本部分主要考察客戶層面的微觀執業環境因素對客戶重要性與審計質量關係的影響。在此，我們重點關注客戶的風險性質。客戶的風險性質會對客戶重要性與審計質量的關係產生顯著的影響。由內部控制風險到舞弊風險，客戶的風險性質越來越嚴重。相對非故意的錯報，舞弊更難以被發現（葉雪芳，

---

① 2004年1月6日，證監會發布了《關於進一步提高上市公司財務信息披露質量的通知》，其中明確指出，審計師在審計時應對公司財務重述的處理與披露，尤其是對財務重述的性質予以適當關注，並恰當地出具審計意見。

2006），從而使得審計師發生審計失敗的可能性更大。而且，舞弊引發的市場負面反應顯著地高於非故意的錯報（Palmrose et al., 2004a; Scholz, 2008），這又使得審計師更可能因審計失敗受到訴訟和行政處罰。因此，從內部控制風險到舞弊風險，審計師的訴訟成本和監管成本顯著提高，這在一定程度上削弱了審計師對客戶經濟依賴的影響。

在這裡，我們以財務重述的原因衡量客戶的風險性質。如果重述公告更正的前期差錯不是由管理層盈余操縱導致的，那麼更多地是表明公司內部管理能力欠缺；在重述當期，則意味著這類公司具有較高的內部控制風險。而如果重述公告更正的前期差錯是由管理層盈余操縱導致的，那麼更多地是表明公司品質存在問題；在重述當期，則意味著這類公司具有較高的舞弊風險。隨後，我們通過比較兩類客戶風險性質下審計師對重要財務重述客戶的風險反應對該部分問題進行實證檢驗。

1.2.4 事務所層面決定因素

本部分研究事務所層面的微觀執業環境因素對客戶重要性與審計質量關係的影響。在此，我們主要關注事務所規模和審計任期。首先，我們考察事務所規模的影響。現有的客戶重要性文獻更多是將大事務所和小事務所進行混合檢驗。然而，在中國資本市場上，大事務所中也有一些客戶數量不多，但客戶規模相對較大的情形。同樣地，小事務所中也存在客戶數量很多，但客戶規模相對較小的情形。這樣計算出的客戶重要性可能在不同規模事務所間不分伯仲，但是大事務所和小事務所針對同樣重要的客戶，其容忍度可能是不同的。由此，我們基於事務所規模對研究樣本進行分類，考察不同規模事務所對重要財務重述客戶的風險反應是否存在差異。

接下來，我們考察審計任期的影響。隨著審計任期的延長，審計師與客戶的接觸不斷增多，雙方逐漸建立起密切的私人關係。在中國證券審計市場上，換「會計師事務所」而不換「註冊會計師」的現象便是這種私人關係的一個突出表現（劉啓亮與唐建新，2009）。此時，客戶可能首先會利用這種私人關係說服審計師，降低審計師的風險反應程度，而不是利用審計師對自己的經濟依賴。這樣會使在短任期時，客戶重要性與審計質量的負相關關係更為凸顯。由此，我們基於審計任期對研究樣本進行分類，考察不同任期下審計師對重要財務重述客戶的風險反應是否存在差異。

最后，我們考察事務所行業專長的影響。客戶重要性本身對審計質量存在正反兩方面力量的影響。一方面，與小客戶相比，審計師對大客戶更具經濟依

賴。另一方面，與小客戶相比，大客戶會給審計師帶來更多風險成本。而我們認為，事務所的行業專長是影響這兩種力量對比的一個重要的微觀因素。這是因為，行業專長不僅使事務所更擅長識別客戶風險，而且也使事務所承擔了更多的風險成本。因此，我們認為，行業專長將使事務所更為重視來自於重要客戶的風險成本，從而減弱客戶重要性對審計質量的負面影響。我們試圖通過比較不同行業專長水平的事務所對重要財務重述客戶的風險反應對該部分問題進行實證檢驗。

1.3 本書內容及研究框架

本書首先在梳理已有文獻的基礎上，結合聲譽理論、認知心理理論、信號理論和客戶風險管理理論，厘清客戶重要性與審計質量的關係以及影響兩者關係的微觀執業環境因素；接下來，在上述理論分析的基礎上，本書基於審計師對財務重述信息風險反應的視角，進一步從實證檢驗層面加以證明，並討論證實或證偽的相關原因；最後，根據理論分析和實證研究的結果提出相應的治理框架。簡言之，本項目將沿著從理論分析到實證檢驗再到政策建議的技術路線，具體如圖1.1所示。

本書分為六章，各章節內容安排如下：

第一章 引言

本章首先介紹了本書的研究背景及研究動機，然後介紹了本書的研究思路，最後是本書的研究框架以及研究內容。

第二章 客戶重要性、審計風險與審計質量

本章首先基於客戶層面的微觀視角考察審計風險對客戶重要性與審計質量關係的影響。具體而言，我們試圖考察對於不同水平審計風險的客戶，客戶重要性對審計質量的影響。研究發現，對於審計風險相對較低的客戶，客戶重要性水平越高，審計師出具嚴厲審計意見的概率越低；而對於審計風險相對較高的客戶，客戶重要性與審計師出具嚴厲審計意見的概率並不顯著相關。這一結果顯示，審計師並不會僅僅因為經濟依賴而在審計質量上妥協；在面對較高審計風險時，客戶重要性對審計質量的負向影響是非常有限的。

第三章 客戶重要性、風險性質與審計質量

在第二章考察客戶的審計風險基礎上，本章進一步基於客戶層面考察風險性質對客戶重要性與審計質量關係的影響。本章以審計師對財務重述公司出具

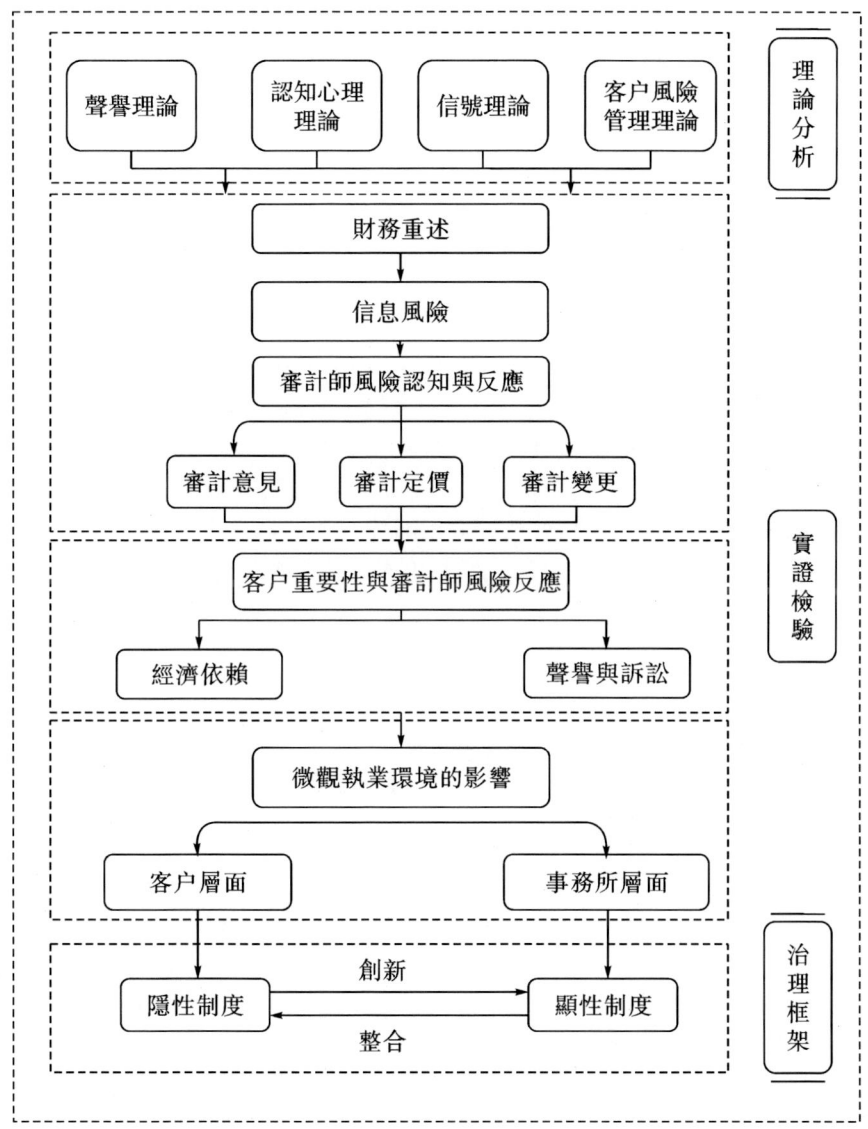

图1.1 研究框架圖

嚴厲審計意見的可能性衡量審計質量，檢驗客戶重要性與審計質量的關係。在此基礎上，我們以財務重述的原因衡量客戶的風險性質，進一步考察其是否會對客戶重要性與審計質量的關係產生顯著的影響。實證結果表明：總體而言，客戶重要性水平越高，審計師越不傾向於對財務重述公司出具嚴厲審計意見；然而，隨著客戶風險性質嚴重程度的提高，客戶重要性與審計師對財務重述公

司出具嚴厲審計意見的可能性之間的負相關關係逐漸減弱。研究結果表明，客戶重要性會對審計質量產生不利影響，但影響的強度還取決於客戶的風險性質。本章為客戶重要性與審計質量的關係從客戶層面提供了新的經驗證據和理論解釋。

第四章客戶重要性、事務所特徵與審計質量

本章基於會計師事務所風險管理視角研究事務所特徵對客戶重要性與審計質量關係的影響。我們發現，總體而言，隨著客戶重要性水平的提高，事務所對重大錯報風險客戶出具嚴厲審計意見的可能性逐漸降低。而當我們進一步考慮事務所特徵後發現，相對於長任期，短任期時客戶重要性與事務所對重大錯報風險客戶出具嚴厲審計意見的概率更趨向於負相關；同時，相對於小事務所，大事務所審計時，這兩者的關係也更趨向於負相關。這些研究結果表明，客戶重要性與審計質量的關係不僅會受到宏觀制度因素的影響，還會隨著事務所特徵（任期與規模）的變化而發生轉變。本章為客戶重要性與審計質量的關係提供了新的理論解釋，同時也為監管機構從事務所層面防範和治理客戶重要性的不利影響提供了政策指引。

第五章客戶重要性、行業專長與審計質量

本章試圖基於事務所層面的微觀視角考察行業專長對客戶重要性與審計質量關係的影響。研究發現，隨著客戶重要性水平的提高，審計師對高風險客戶出具嚴厲審計意見的可能性逐漸降低。在此基礎上的分組研究顯示，對於非行業專長審計師，客戶重要性與其出具嚴厲審計意見的可能性仍顯著負相關；而對於行業專長審計師，客戶重要性與出具嚴厲審計意見的可能性則不存在顯著相關關係。這一結果顯示，審計師的行業專長能夠抑制客戶重要性的這種負向影響，從而使審計師並不會僅僅因為經濟依賴而在審計質量上妥協。本章為客戶重要性與審計質量的關係從事務所層面提供了新的經驗證據和理論解釋。

第六章結論、研究意義與后續研究方向

本章是對本書的總結，包括主要研究結論與啟示，本書的創新、貢獻及研究意義，本書的局限性及未來研究方向。

2 客戶重要性、審計風險與審計質量

2.1 概述

基於微觀執業環境視角，我們首先考察客戶層面的微觀因素對客戶重要性與審計質量關係的影響。我們選取的第一個微觀因素為客戶的審計風險水平。在進行審計報告決策時，審計師可能會對重要客戶產生經濟依賴，但是也會對客戶進行風險評估。當客戶存在較大審計風險時，由於審計師發生審計失敗的可能性提高，因此對重要客戶的依賴程度會降低，從而減少了對審計質量的負面影響。因此，本章中我們以審計師對財務重述公司出具嚴厲審計意見的可能性衡量審計質量，以更正或者披露重大會計差錯的上市公司作為不同審計風險的客戶樣本，試圖考察客戶的審計風險對客戶重要性與審計質量關係的影響。

通過查詢A股上市公司2005—2010年披露的前期重大會計差錯更正公告，我們識別了2004—2006年430家存在重大會計差錯的公司，將其界定為審計風險相對較高的樣本；同時，我們還通過查詢A股上市公司2004—2006年披露的前期重大會計差錯更正公告，從中識別了2004—2006年480家更正前期重大會計差錯的公司，將其界定為審計風險相對較低的樣本。在此基礎上，我們發現，對於審計風險相對較低的客戶，客戶重要性水平越高，審計師出具嚴厲審計意見的概率越低；而對於審計風險相對較高的客戶，客戶重要性與審計師出具嚴厲審計意見的概率並不存在顯著的相關關係。這一結果表明，審計風險是影響客戶重要性與審計質量關係的重要微觀因素，而且隨著審計風險的加大，客戶重要性對審計師審計質量的負向影響逐漸減弱。

本章研究主要有三個方面的貢獻。首先，已有研究大多是從宏觀視角解讀

客戶重要性與審計質量的關係，但宏觀因素作用的發揮離不開微觀因素的傳導。而目前考察影響客戶重要性與審計質量關係之微觀因素的文獻相當有限，尤其是尚未有研究考察審計風險因素的影響。而本章基於微觀視角考察審計風險對客戶重要性與審計質量關係的影響，不僅彌補了此方面理論研究的不足，同時也為深入理解客戶重要性對審計質量的作用機理和實現機制提供了新的理論解釋和研究視角。其次，在國內外資本市場上，上市公司更正前期重大會計差錯的問題日益凸現。如何有效地減少上市公司的前期重大會計差錯更正行為已經成為監管機構亟須解決的問題。而本章重點關注審計師如何解讀大客戶前期重大會計差錯行為所蘊含的審計風險，是否以及如何通過審計報告決策行為向其他市場主體傳遞有價值的信號，這對於監管機構加強對上市公司前期重大會計差錯更正行為的審計治理，降低其對資本市場效率的負面影響具有重要的政策含義。最后，隨著中國財政部和中註協出抬的一系列促進中國會計師事務所做大做強的政策和措施，中國的會計師事務所也進入了快速發展時期，規模的增長和業務領域的擴張加大了審計師的執業風險。在此背景下，本章的研究成果將為中國會計師事務所風險管理行為的監管以及相關審計準則的修訂與完善提供必要的理論支持。

2.2　文獻回顧與研究假設

2.2.1　文獻回顧

現有的直接考察客戶重要性與審計質量關係的文獻較多[①]，但其研究結論並不一致。魯桂華、余為政與張晶（2007）通過對2004年滬深兩市上市公司的研究，發現相對較小的客戶被出具非標準審計意見的概率較高。陸正飛、王春飛與伍利娜（2012）以企業集團作為一個整體研究集團客戶重要性對審計質量的影響，發現集團客戶重要性水平越高，審計師出具非標準審計意見的概率越低。這些研究表明，客戶重要性與審計師出具嚴厲審計意見的概率負相

[①] 之前的研究多以審計服務收費作為衡量客戶重要性的替代變量，而審計收費可以分為審計費用和來自諮詢業務的非審計收費，因此部分研究主要考察的是審計費用和非審計費用分別對審計質量的影響，部分研究則是直接考察總體收費對審計質量的影響。但是，無論是審計收費還是非審計收費都會增強審計師對客戶的經濟依賴，加之兩類收費之間也存在一定的相關關係，所以，以總體收費衡量審計師對客戶的經濟依賴程度更為適合（DeFondand Francis, 2005; Francis, 2006）。鑒於此，本章將主要回顧以總體收費為替代變量衡量客戶重要性的文獻。

關。Reynolds and Francis（2001）以財務困境公司為研究樣本，發現隨著客戶重要性水平的提高，審計師對財務困境公司出具非標準審計意見的概率逐漸增大。方軍雄、洪劍峭與李若山（2004）從首度虧損這一特定領域展開研究，發現客戶重要性水平越高，審計師對首度虧損客戶出具非標準審計意見的概率越大。這些研究說明，客戶重要性與審計師出具嚴厲審計意見的概率正相關。然而，Craswell, Stokes and Laughton（2002）、王躍堂與趙子夜（2003）、曹強與葛曉艦（2009）基於不同地區和期間的樣本，却未發現客戶重要性與審計質量存在任何顯著的相關關係。

可見，之前的研究並未得到有關客戶重要性與審計質量之間關係較為一致的經驗結論。基於此，研究者意識到客戶重要性與審計質量的關係可能並不是孤立存在的，而是會受到其他因素的影響。於是，相關文獻開始關注影響這兩者關係的宏觀因素。Li（2009）基於財務困境公司考察了 SOX 法案實施前后的變化。研究發現，SOX 法案實施前，客戶重要性與審計師對財務困境公司出具持續經營審計意見的概率不存在顯著的相關關係，而在該法案實施后，兩者存在顯著的正相關關係。Zhou and Zhu（2012）關注亞洲金融危機對客戶重要性與審計質量關係的影響。他們以亞洲六個國家的上市公司為研究對象，發現亞洲金融危機前客戶重要性與審計師出具非標準審計意見的概率不相關，而在亞洲金融危機后，由於各國紛紛強化投資者保護制度，這兩者變得顯著正相關。基於中國的經驗數據，Chen, Sun and Wu（2010）和陸正飛、王春飛與伍利娜（2012）分別以「銀廣夏事件」與 2007 年新會計準則、審計準則及事務所民事訴訟風險的加強作為中國宏觀制度環境的分界點，也得到了類似的研究結論。總體而言，這些研究表明宏觀因素改善后，客戶重要性與審計師出具嚴厲審計意見的概率更趨向於正相關。

然而，宏觀因素往往不能直接影響客戶重要性與審計質量的關係，而是需要微觀因素作為傳輸渠道。也就是說，宏觀因素作用的發揮是通過微觀因素實現的。因此，相對於宏觀因素，厘清影響客戶重要性與審計質量關係的微觀因素，對於深入理解客戶重要性對審計質量的作用機理和實現機制更為重要。而據我們所知，目前在國內外重要的會計期刊上考察決定客戶重要性與審計質量關係之微觀因素的文獻（Chi, Douthett and Lisic, 2012；陸正飛、王春飛與伍利娜，2012）相當有限，而且尚未有研究考察審計風險可能存在的影響。鑒於此，本書試圖在微觀層面上考察審計風險對客戶重要性與審計質量關係的影響，以彌補此方面理論研究的缺失。

2.2.2 研究假設

我們的研究試圖在不同審計風險情形下，考察客戶重要性對審計質量的影響。這主要是因為，客戶重要性本身對審計質量存在兩方面力量的影響，而客戶審計風險則是影響這兩方面力量對比的一個重要的微觀因素。

客戶重要性對審計質量存在兩個方面的影響。一方面，審計師需要應對來自上市公司和審計市場競爭者的壓力。當大客戶有能力通過終止合約關係來向擬出具嚴厲審計意見的審計師施壓，出於經濟上的依賴，審計師將傾向於保留大客戶，而向大客戶妥協（DeAngelo, 1981）。由此，相對於小客戶，審計師可能更不傾向於出具嚴厲審計意見。另一方面，審計師同樣面對來自監管部門和投資者的壓力。當針對大客戶的審計失敗會嚴重損害審計師的聲譽，從而對其在審計市場上承接和保留客戶產生不利的影響時，審計師有動機保護其聲譽，降低訴訟和監管風險（Reynolds and Francis, 2001）。此外，大客戶的審計失敗更容易導致訴訟和行政處罰（Stice, 1991; Lys and Watts, 1994; Chen, Sun and Wu, 2010）。由此，相對於小客戶，審計師對大客戶可能更加謹慎（Krishnan and Krishnan, 1997），從而可能更傾向於通過出具嚴厲審計意見管理大客戶。總體而言，客戶重要性與審計質量的關係取決於這兩方面力量的對比。

而正因為存在兩方面力量，在不同情況下客戶重要性對審計質量的影響可能存在差異，審計風險則是影響這兩種力量對比的一個重要的微觀因素。假設審計師面對兩個大客戶，對兩者經濟依賴程度相同，但由於審計風險水平的不同，審計師會權衡來自兩方力量的壓力，做出不同的審計質量。當面對審計風險相對較低的大客戶時，審計師發生審計失敗的可能性較低，因此出具非嚴厲審計意見的潛在損失較小，此時客戶重要性對審計質量的負向影響會發揮較大的作用。而當面對審計風險相對較高的大客戶，審計師如果不出具嚴厲審計意見發生審計失敗的可能性會比較高，潛在損失也比較高，此時客戶重要性對審計質量的正向影響將會發揮較大的作用。

綜上，我們認為，不同審計風險情形下，客戶重要性對審計質量的影響存在差異。在此基礎上，我們提出本章的研究假設 1：

假設 1：審計風險越低，客戶重要性與審計師出具嚴厲審計意見的概率越趨向於負相關。

假設 1a：在審計風險相對較高的情形下，客戶重要性對審計質量的負向影響較弱。

假設 1b：在審計風險相對較低的情形下，客戶重要性對審計質量的負向影響較強。

2.3 研究設計

借鑑已有研究文獻的做法（DeFond, Wong and Li, 1999；Chen, Chen and Su, 2001），我們構建了如下審計意見模型，以檢驗審計風險對客戶重要性與審計質量關係的影響。

$$Opin = \beta_0 + \beta_1 High\_risk + \beta_2 High\_risk * Impor + \beta_3 Impor + \beta_4 Preopin + \beta_5 Lnasset + \beta_6 Leverage + \beta_7 Roa + \beta_8 Loss + \beta_9 Storatio + \beta_{10} Revratio + \beta_{11} Sale\_growth + \beta_{12} Age + \beta_{13} |DA| + \beta_{14} Ownership + \beta_{15} Board\_size + \beta_{16} Board\_confer + \beta_{17} Board\_indep + \beta_{18} Board\_audit + \beta_{19} Chair\_CEO + \beta_{20} Foreign + \beta_{21} Mshare + \beta_{22} Year2004 + \beta_{23} Year2005 + \beta_{23} + i \sum_{i=1}^{4} Region i + \beta_{27} + j \sum_{j=1}^{11} Industry j + \varepsilon \quad (1)$$

$$Opin = \beta_0 + \beta_1 Low\_risk + \beta_2 Low\_risk * Impor + \beta_3 Impor + \beta_4 Preopin + \beta_5 Lnasset + \beta_6 Leverage + \beta_7 Roa + \beta_8 Loss + \beta_9 Storatio + \beta_{10} Revratio + \beta_{11} Sale\_growth + \beta_{12} Age + \beta_{13} |DA| + \beta_{14} Ownership + \beta_{15} Board\_size + \beta_{16} Board\_confer + \beta_{17} Board\_indep + \beta_{18} Board\_audit + \beta_{19} Chair\_CEO + \beta_{20} Foreign + \beta_{21} Mshare + \beta_{22} Year2004 + \beta_{23} Year2005 + \beta_{23} + i \sum_{i=1}^{4} Region i + \beta_{27} + j \sum_{j=1}^{11} Industry j + \varepsilon \quad (2)$$

模型 1 和模型 2 相關變量的解釋如下：

2.3.1 因變量

$Opin$ 為模型 1 和模型 2 中的因變量，表示審計意見的嚴厲程度。其為啞變量，如果審計師出具非標準審計意見，則 $Opin$ 取值為 1，否則為 0。

2.3.2 檢驗變量

在模型 1 中，檢驗變量為 $High\_risk * Impor$。其中，$High\_risk$ 為啞變量，如果公司的審計風險相對較高，$High\_risk$ 取值為 1，否則為 0；$Impor$ 表示客戶重要性水平。我們借鑑已有研究的做法（Chen, Sun and Wu, 2010；喻小明、聶新軍與劉華，2008），以特定上市公司客戶資產自然對數與事務所所有上市公司資產自然對數之和的比值計量客戶重要性水平。在以客戶總資產確定客戶重要性水平時，我們以未做剔除的樣本作為計算依據。在模型 2 中，檢驗變量

為 Low_risk * Impor。其中，Low_risk 為啞變量，如果公司的審計風險相對較低，則 Low_risk 取值為 1，否則為 0；模型 2 中 Impor 的定義與模型 1 中相同。如果假設 1 成立，我們期望，相對於 High_risk * Impor 的系數，Low_risk * Impor 的係數更趨向於負值。

2.3.3 控制變量

在模型 1 和模型 2 中，我們還進一步控制了公司的一般特徵和公司治理特徵。在公司一般特徵方面，我們設置的控制變量包括前期審計意見的類型（Preopin）、總資產的自然對數（Lnasset）、資產負債率（Leverage）、總資產收益率（Roa）、前一年發生虧損的情況（Loss）、存貨與總資產的比值（Storatio）、應收帳款與總資產的比值（Revratio）、主營業務收入的增長率（Sale_growth）、上市年數的平方根（Age）和公司操縱性應計利潤的絕對值（|DA|）。其中，Preopin 為虛擬變量，如果公司前期被出具非標準審計意見，Preopin 取值為 1，否則取值為 0；Loss 也為虛擬變量，如果前 1 年公司出現虧損，其取值為 1，否則取值為 0；|DA|為公司操縱性應計利潤的絕對值，用於控制公司盈餘管理水平，我們採用分年度、分行業的 Jones 模型進行計算。此外，我們還設置了地區、年度和行業變量，以控制這些因素的影響。對於地區和行業，我們分別依據 Taylor and Simon（1999）的研究和中國證監會 2001 年頒布的《上市公司行業分類指引》設置了 4 個地區虛擬變量和 11 個行業虛擬變量。由於研究樣本跨越三個會計年度，所以我們設置了兩個年度虛擬變量。

在公司治理特徵方面，我們設置的控制變量主要包括上市公司實際控制人類型（Ownership）、公司董事會中董事的人數（Board_size）、董事會會議的次數（Board_confer）、獨立董事占董事會成員的比例（Board_indep）、審計委員會的設置情況（Board_audit）、董事長與總經理兩職設置情況（Chair_CEO）、外資股東情況（Foreign）以及年末公司全部高級管理人員（含董事、監事和高管）所持有的股票總數占總股本的比例（Mshare）。其中，Ownership 為虛擬變量，如果公司是由國有控股的，則 Ownership 取值為 1，否則為 0；Board_audit 為虛擬變量，如果公司存在審計委員會，那麼 Board_audit 取值為 1，否則取值為 0；Chair_CEO 為序時變量，如果公司總經理和董事長是一個人擔任，那麼 Chair_CEO 取值為 1，總經理由副董事長或董事兼任時，取值為 2，董事不兼任總經理時，取值為 3；Foreign 為虛擬變量，如果外資股東為前十大股東，那麼 Foreign 取值為 1，否則取值為 0。

依據已有研究（DeFond, Wong and Li, 1999; Chen, Chen and Su, 2001），我們預期 Preopin、leverage、Loss、Storatio、Revratio、Age、Board_size 的迴歸系數顯著為正，Lnasset、Roa、Sale_growth、Board_confer、Board_indep、Board_audit、Chair_CEO、Foreign 和 Mshare 的系數顯著為負。由於股權性質對審計質量的影響尚沒有形成一致的結論，因此我們不預期 Ownership 的系數方向。

2.4 研究樣本

對於模型 1 和模型 2，我們以 CSMAR 中國上市公司財務報表數據庫中列示的 2004—2006 年全部 A 股上市公司為初始樣本。在初始樣本的基礎上，我們剔除金融類以及模型 1 和模型 2 中公司一般特徵、公司治理特徵數據缺失的上市公司觀察值，獲得 3,889 個上市公司總體樣本。接下來，通過查詢 A 股上市公司 2005—2010 年披露的前期重大會計差錯更正公告，我們在總體樣本中識別了 2004—2006 年 430 家存在重大會計差錯的公司。由於該類公司財務報表當期存在重大會計差錯，其重大錯報風險為 100%，所以依據審計風險模型，在檢查風險一定的情況下，其審計風險處於相對較高的水平。由此，我們將 2004—2006 年財務報表當期存在重大會計差錯的 430 家公司界定為審計風險相對較高的樣本組。

隨後，我們通過查詢 A 股上市公司 2004—2006 年披露的前期重大會計差錯更正公告，在總體樣本中識別了 2004—2006 年 480 家更正前期財務報表重大會計差錯的公司。公司前期財務報表中存在重大會計差錯可能是管理層有意為之，也有可能是管理層無意為之。如果是管理層有意為之，那麼表明公司品質可能存在問題。如果是管理層無意為之，那麼更多是表明公司內部管理能力存在缺陷。而無論是公司品質問題還是內部管理能力缺陷都不是能夠在短期內改善的，因此這些問題可能會延續到差錯更正期，而使該類公司在差錯更正期存在較高的重大錯報風險。不過，由於其重大錯報風險水平並未達到 100%，因此相對於當期存在重大會計差錯的公司來說，該類公司審計風險處於相對較低的水平。由此，我們將 2004—2006 年更正前期財務報表重大會計差錯的 480 家公司界定為審計風險相對較低的樣本組。

表 2.1　　　　　　　　　　　　樣本分佈情況

Panel A：全樣本與當期更正前期重大會計差錯的樣本分佈情況

年度	2004	2005	2006	合計
全樣本	1,243	1,322	1,324	3,889
當期更正前期重大會計差錯的樣本	162	169	149	480

Panel B：當期存在重大會計差錯的樣本分佈情況

差錯披露期 ＼ 差錯發生期	2004	2005	2006	合計
2005	109	0	0	109
2006	32	107	0	139
2007	5	14	115	134
2008	3	7	23	33
2009	1	4	6	11
2010	0	1	3	4
當期存在重大會計差錯的樣本	150	133	147	430

　　模型1和模型2樣本的分佈情況列示於表2.1。由表2.1的Panel A可知，從整體上看，樣本期內更正前期重大會計差錯的公司占全部上市公司的比例為12.34%，即平均而言，每10家上市公司至少有1家更正其前期存在重大會計差錯。從表2.1的Panel B可以看出，公司財務報表中存在的重大會計差錯更多是在隨后一年被更正，而且差錯更正期與差錯發生期的時間間隔越長，前期差錯被披露出來的可能性越小。此外，由2010年前期重大會計差錯公告查找到的2004—2006年當期存在重大會計差錯的上市公司觀察值分別僅有0個、1個和3個。根據以上的趨勢，我們認為，極少有2004—2006年的重大會計差錯是在2010年以后被更正的情況。因此，從這個意義上說，我們以2005—2010年的前期差錯更正公告收集2004—2006年當期存在重大會計差錯的樣本是有效的。

2.5 實證結果

2.5.1 描述性統計

表 2.2 為模型 1 和模型 2 相關變量的描述性統計結果。由表 2.2 可知,對於審計風險相對較低的樣本,*Opin* 的均值為 0.254,審計風險相對較高的樣本組其 *Opin* 的均值是 0.228,而總樣本 *Opin* 的均值只有 0.112。這說明,在不考慮其他影響因素的情況下,相對於總樣本,審計師對存在一定審計風險的樣本出具嚴厲審計意見的可能性都較高。此外,表 2.2 還顯示,客戶重要性水平(*Impor*)在審計風險相對較低樣本、審計風險相對較高樣本和總體樣本間不存在顯著的差異。

表 2.2　　　　　　　　　相關變量描述性統計結果

變量	審計風險相對較低樣本 均值	中值	審計風險相對較高樣本 均值	中值	總樣本 均值	中值
Opin	0.254	0.000	0.228	0.000	0.112	0.000
Impor	0.050	0.040	0.053	0.039	0.050	0.040
Preopin	0.202	0.000	0.167	0.000	0.096	0.000
Lnasset	21.166	21.129	21.158	21.154	21.252	21.183
Leverage	0.706	0.618	0.676	0.601	0.560	0.532
Roa	−0.052	0.032	−0.013	0.032	0.022	0.056
Loss	0.252	0.000	0.239	0.000	0.139	0.000
Storatio	0.157	0.127	0.159	0.128	0.161	0.131
Revratio	0.180	0.141	0.162	0.137	0.141	0.115
Sale_growth	0.125	0.092	0.139	0.102	0.205	0.151
Age	2.922	3.000	2.913	3.000	2.795	2.828
|*DA*|	0.092	0.056	0.095	0.054	0.079	0.048
Ownership	0.690	1.000	0.695	1.000	0.688	1.000
Board_size	6.471	6.000	6.547	6.000	6.304	6.000
Board_confer	8.013	7.000	7.587	7.000	7.620	7.000

表2.2(續)

變量	審計風險相對較低樣本 均值	審計風險相對較低樣本 中值	審計風險相對較高樣本 均值	審計風險相對較高樣本 中值	總樣本 均值	總樣本 中值
Board_indep	0.519	0.500	0.519	0.500	0.531	0.500
Board_audit	0.521	1.000	0.535	1.000	0.509	1.000
Chair_CEO	2.777	3.000	2.770	3.000	2.779	3.000
Foreign	0.065	0.000	0.052	0.000	0.073	0.000
Mshare	0.001	0.000	0.002	0.000	0.009	0.000

註：表2.2涉及模型1和模型2中的變量，總體樣本為3,889個上市公司觀察值，其中審計風險相對較低樣本480個，審計風險相對較高樣本430個；由於篇幅所限，表2.2中沒有列示年度變量、地區變量和行業變量。

在公司一般特徵上，由表2.2可知，相對於總體樣本，審計風險相對較低樣本與審計風險相對較高樣本在前期都更可能被出具非標準審計意見（Pre-opin），資產負債率（Leverage）較高，資產收益率（Roa）較低，前一年更可能發生虧損（Loss），銷售收入的增長速度（Sale_growth）較慢，上市年限（Age）較長，操縱性應計水平（|DA|）更高。在公司治理特徵上，與總體樣本相比，審計風險相對較低樣本與審計風險相對較高樣本的董事會規模（Board_size）均較大，董事會中獨立董事的比例（Board_indep）都較低。從表2.2還可以看出，審計風險相對較低樣本與審計風險相對較高樣本在公司一般特徵和公司治理特徵上的差異並不大，僅在前期被出具非標準審計意見的可能性（Preopin）、資產收益率（Roa）和召開董事會會議的次數（Board_confer）方面存在微弱的差異。

2.5.2 模型迴歸結果

首先，我們考察在審計風險相對較高的情形下，客戶重要性對審計質量的影響。由表2.3模型1-1的迴歸結果可知，High_risk與Opin顯著正相關（P<0.01）。隨後，我們在模型1-1的基礎上引入交乘項High_risk∗Impor。由表2.3模型1-2的迴歸結果可知，儘管High_risk∗Impor的係數為負值，但在統計意義上不顯著。這一結果顯示，在審計風險較高的情形下，隨著客戶重要性水平的提高，審計師出具嚴厲審計意見的概率沒有發生明顯的變化，此時客戶重要性對審計質量的負向影響較弱，從而支持了本章提出的假設1a。

其次，我們考察審計風險相對較低的情形下客戶重要性與審計質量之間的

關係。由表 2.4 模型 2-1 的迴歸結果可知，Low_risk 與 Opin 顯著正相關（P<0.01）。隨後，我們在模型 2-1 的基礎上引入交乘項 Low_risk * Impor。由表 2.4 模型 2-2 的迴歸結果可知，Low_risk * Impor 的系數在 1% 的水平上顯著小於零。這一結果顯示，在審計風險相對較低的情形下，隨著客戶重要性水平的提高，審計師出具嚴厲審計意見的可能性顯著降低，從而支持了本章提出的假設 1b。綜合表 2.3 和表 2.4 的實證結果，本章提出的假設 1 成立，即審計風險越低，客戶重要性與審計師出具嚴厲審計意見的概率越趨向於負相關。

表 2.3　客戶重要性、審計風險與審計質量：審計風險相對較高情形下的實證結果

變量	模型 1-1 系數	模型 1-1 Z 值	模型 1-2 系數	模型 1-2 Z 值
Intercept	-1.66	-1.64*	-1.66	-1.64*
High_risk	0.38	3.82***	0.39	3.23***
High_risk * Impor			-0.33	-0.25
Impor			0.18	0.19
Preopin	1.35	13.27***	1.35	13.27***
Lnasset	-0.04	-0.84	-0.04	-0.85
Leverage	1.48	9.35***	1.48	9.34***
Roa	-0.42	-6.27***	-0.42	-6.26***
Loss	0.19	1.88*	0.19	1.87*
Storatio	-1.60	-4.52***	-1.60	-4.50***
Revratio	1.60	5.11***	1.60	5.11***
Sale_growth	-0.40	-5.04***	-0.40	-5.05***
Age	0.08	1.10	0.08	1.10
|DA|	-0.28	-1.02	-0.28	-1.02
Ownership	-0.21	-2.63***	-0.21	-2.64***
Board_size	0.00	-0.06	0.00	-0.06
Board_confer	0.00	-0.29	0.00	-0.29
Board_indep	-0.06	-0.15	-0.06	-0.15
Board_audit	-0.01	-0.10	-0.01	-0.10
Chair_CEO	-0.05	-0.87	-0.05	-0.86

表2.3(續)

變量	模型 1-1 系數	模型 1-1 Z值	模型 1-2 系數	模型 1-2 Z值
Foreign	0.28	2.07**	0.27	2.07**
Mshare	-0.09	-0.09	-0.09	-0.10
N	3,889		3,889	
Pseudo R^2	0.48		0.48	

註：*** 表示在1%的水平上顯著，** 表示在5%的水平上顯著，* 表示在10%的水平上顯著；表2.3模型1-1和1-2的因變量均為 *Opin*；由於篇幅所限，表2.3中沒有列示出年度變量、地區變量和行業變量的迴歸結果。

在控制變量方面，由表2.3和表2.4可知，對於總體樣本而言，公司前期被出具非標準審計意見（*Preopin*）與出現虧損（*Loss*）的可能性越大，資產負債率（*Leverage*）和應收帳款占總資產的比例（*Revratio*）越高，則審計師越傾向於對其出具嚴厲審計意見。而公司總資產收益率（*Roa*）和銷售收入增長率（*Sale_growth*）越高，越是由國有控股（*Ownership*），則審計師對其出具嚴厲審計意見的可能性越小。這與我們的預期基本一致。而 *Storatio* 的系數在1%的水平上顯著為負，*Foreign* 的系數在5%的水平上顯著為正，與預期不一致。可能的原因是，*Storatio* 不僅可以衡量公司業務的重複程度，也可以衡量公司資產的流動性；*Storatio* 越高說明公司資產的流動性越好，財務風險越低，因此被出具嚴厲審計意見的可能性也越低。存在海外投資者的公司，其較好的公司治理不僅有利於保證財務報告質量，還可能增強審計師的獨立性，提高審計師出具嚴厲審計意見的可能性。

表2.4 客戶重要性、審計風險與審計質量：審計風險相對較低情形下的實證結果

變量	模型 2-1 系數	模型 2-1 Z值	模型 2-2 系數	模型 2-2 Z值
Intercept	-1.59	-1.57	-1.68	-1.65*
Low_risk	0.32	3.43***	0.77	4.81***
*Low_risk * Impor*			-9.53	-3.30***
Impor			0.86	1.26
Preopin	1.34	13.11***	1.35	13.15***

表2.4(續)

變量	模型 2-1 系數	模型 2-1 Z值	模型 2-2 系數	模型 2-2 Z值
Lnasset	-0.04	-0.94	-0.04	-0.92
Leverage	1.47	9.32***	1.48	9.29***
Roa	-0.42	-6.18***	-0.43	-6.33***
Loss	0.19	1.86*	0.19	1.91*
Storatio	-1.61	-4.55***	-1.71	-4.74***
Revratio	1.54	4.89***	1.54	4.86***
Sale_growth	-0.40	-5.02***	-0.41	-5.16***
Age	0.09	1.16	0.09	1.16
|*DA*|	-0.28	-1.01	-0.29	-1.04
Ownership	-0.22	-2.75***	-0.22	-2.72***
Board_size	0.00	0.14	0.01	0.31
Board_confer	-0.01	-0.57	-0.01	-0.63
Board_indep	-0.03	-0.06	0.02	0.06
Board_audit	0.00	0.02	0.00	-0.06
Chair_CEO	-0.05	-0.85	-0.05	-0.89
Foreign	0.27	2.07**	0.27	2.01**
Mshare	-0.10	-0.11	-0.04	-0.04
N	3,889		3,889	
Pseudo R^2	0.48		0.48	

註：*** 表示在1%的水平上顯著，** 表示在5%的水平上顯著，* 表示在10%的水平上顯著；表2.4模型2-1和2-2的因變量均為 *Opin*；由於篇幅所限，表2.4中沒有列示出年度變量、地區變量和行業變量的迴歸結果。

2.6 穩健性檢驗

2.6.1 交叉樣本

由於樣本公司中可能出現同一年度既存在重大會計差錯又更正了前期重大會計差錯的情況,所以可能存在同一樣本既為審計風險相對較低又為審計風險相對較高的矛盾情形。因此,我們在穩健性檢驗中剔除此類的交叉樣本,重新對模型1-2和模型2-2的全樣本進行Probit迴歸,迴歸結果列示於表2.5。結果顯示,與前述結果相比沒有發生顯著的變化。模型1-2中 $High\_risk * Impor$ 的系數在統計意義上仍然不顯著;模型2-2中,$Low\_risk * Impor$ 的系數仍然在1%的水平上顯著小於零。

表2.5 客戶重要性、審計風險與審計質量:剔除交叉樣本后的實證結果

Panel A:審計風險相對較高情形下的實證結果(模型1-2)		
變量	系數	Z值
Intercept	-1.59	-1.39
High_risk	2.41	1.81*
High_risk * Impor	0.07	-0.74
Impor	0.21	0.21
N	3,775	
Pseudo R^2	0.47	
Panel B:審計風險相對較低情形下的實證結果(模型2-2)		
變量	系數	Z值
Intercept	-1.66	-1.59
Low_risk	0.65	3.70***
Low_risk * Impor	-7.27	-2.49***
Impor	0.90	1.31
N	3,775	
Pseudo R^2	0.47	

註:*** 表示在1%的水平上顯著,** 表示在5%的水平上顯著,* 表示在10%的水平上顯著;表2.5模型1-2和模型2-2的因變量為 $Opin$;由於篇幅所限,表2.5中僅列示了重要變量的迴歸結果。

2.6.2 客戶重要性的度量

我們以來自客戶的全部業務收入為基礎衡量客戶重要性水平，重新對模型 1-2 和模型 2-2 全樣本進行 Probit 迴歸分析。同樣，在以來自客戶的全部業務收入確定客戶重要性水平時，我們也是以未做剔除的樣本作為計算依據。模型 1-2 和模型 2-2 全樣本的迴歸結果列示於表 2.6，與前述結果相比沒有發生顯著的變化。模型 1-2 中 *High_risk * Impor* 的系數在統計意義上仍然不顯著；模型 2-2 中，*Low_risk * Impor* 的系數仍然在 1% 的水平上顯著小於零。

表 2.6　客戶重要性、審計風險與審計質量：以全部業務收入計量客戶重要性

Panel A：審計風險相對較高情形下的實證結果（模型 1-2）

變量	系數	Z 值
Intercept	-1.66	-1.64[*]
High_risk	0.39	3.27[***]
High_risk * Impor	-0.27	-0.22
Impor	0.22	0.27
N	3,889	
Pseudo R^2	0.48	

Panel B：審計風險相對較低情形下的實證結果（模型 2-2）

變量	系數	Z 值
Intercept	-1.59	-1.57
Low_risk	0.58	4.03[***]
Low_risk * Impor	-5.41	-2.24[**]
Impor	0.72	1.12
N	3,889	
Pseudo R^2	0.48	

註：[***] 表示在 1% 的水平上顯著，[**] 表示在 5% 的水平上顯著，[*] 表示在 10% 的水平上顯著；表 2.6 模型 1-2 和模型 2-2 的因變量為 *Opin*；由於篇幅所限，表 2.6 中僅列示了重要變量的迴歸結果。

2.6.3 審計意見的多項分類

在前述研究中，我們僅對審計意見進行二項分類，而沒有考慮非標準審計

意見之間嚴厲程度的差異。在此，我們進一步將審計意見的類型進行有序多項分類（Opin_order），以驗證和擴展本章提出的假設。在具體定義上，審計師出具標準無保留審計意見 Opin_order 取值為 0，帶強調事項段的無保留意見取值為 1，保留意見取值為 2，帶強調事項段或解釋性說明的保留意見取值為 3，無法表示意見取值為 4。在樣本期內，審計師未出具否定意見的審計報告。在改變嚴厲審計意見的計量方法後，我們重新對模型 1-2 和模型 2-2 全樣本進行 Probit 迴歸分析。模型 1-2 和模型 2-2 全樣本的迴歸結果列示於表 2.7，與前述結果相比沒有發生顯著的變化。模型 1-2 中 High_risk * Impor 的係數在統計意義上仍然不顯著；模型 2-2 中，Low_risk * Impor 的係數仍然在 1% 的水平上顯著小於零。

2.6.4　其他的穩健性檢驗

除上述檢驗外，為了控制極端值的影響，我們將模型 1-1、1-2、2-1 和 2-2 中所有連續變量按上下 1% 分位數進行截取（Winsorize）。即高於上 1% 分位數的樣本按上 1% 分位數取值，低於下 1% 分位數的樣本按下 1% 分位數取值。極端值的剔除對實證結果沒有產生顯著的影響。

此外，我們還對模型 1-1、1-2、2-1 和 2-2 重新進行 Logit 迴歸分析。Probit 和 Logit 的主要區別在於採用的分佈函數不同，前者假設隨機變量服從正態分佈，而后者假設隨機變量服從邏輯概率分佈。採用 Logit 方法後迴歸結果也沒有發生顯著的變化。

2.7　本章小結

客戶重要性與審計質量的關係是國際審計學術界和實務界關注的重要議題。與之前研究的不同，本書試圖基於微觀視角考察在不同審計風險情形下客戶重要性對審計質量的影響。通過查詢 A 股上市公司 2005—2010 年披露的前期重大會計差錯更正公告，我們識別了 2004—2006 年 430 家存在重大會計差錯的公司，將其界定為審計風險相對較高的樣本；同時，我們還通過查詢 A 股上市公司 2004—2006 年披露的前期重大會計差錯更正公告，從中識別了 2004—2006 年 480 家更正前期重大會計差錯的公司，將其界定為審計風險相對較低的樣本。在此基礎上，我們發現，對於審計風險相對較高的客戶，客戶重要性與審計師出具嚴厲審計意見的概率並不顯著相關；而對於審計風險相對較

低的客戶，客戶重要性水平越高，審計師出具嚴厲審計意見的概率越低。也就是說，審計風險越低，客戶重要性與審計師出具嚴厲審計意見的概率越趨向於負相關。因此，本章的經驗證據顯示，審計風險是影響客戶重要性與審計質量的重要的微觀層面因素，審計師在進行審計報告決策時並不會僅僅因為客戶較為重要而妥協，在面對較高審計風險時，客戶重要性對審計質量的影響是非常有限的。

表 2.7　客戶重要性、審計風險與審計質量：審計意見有序多項分類的實證結果

Panel A：審計風險相對較高情形下的實證結果（模型 1-2）

變量	系數	Z 值
High_risk	0.43	4.07***
High_risk * Impor	−0.05	−0.04
Impor	0.21	0.27
N		3,889
Pseudo R^2		0.34

Panel B：審計風險相對較低情形下的實證結果（模型 2-2）

變量	系數	Z 值
Low_risk	0.53	3.99***
Low_risk * Impor	−5.19	−2.27**
Impor	0.75	1.26
N		3,889
Pseudo R^2		0.34

註：*** 表示在1%的水平上顯著，** 表示在5%的水平上顯著，* 表示在10%的水平上顯著；表2.7模型1-2的因變量為 Opin_order；由於篇幅所限，表2.7中僅列示了重要變量的迴歸結果。

本章的研究從理論上進一步厘清了影響客戶重要性與審計質量關係的微觀因素，為我們深入理解客戶重要性對審計質量的作用機理和實現機制提供了新的理論解釋和研究視角。同時，由於我們基於上市公司前期重大會計差錯更正公告中蘊含的信息來衡量審計風險，因此本章的研究對於我們加強審計對前期重大會計差錯更正行為的外部治理作用，降低前期重大會計差錯對資本市場效率的負面影響有一定的幫助。最後，本章的研究還有利於我們深入理解中國會計師事務所的風險管理行為的內在機理，為風險管理行為的監管和相關準則的完善提供了必要的經驗證據和理論支持。

3 客戶重要性、風險性質與審計質量

3.1 概述

在檢驗了客戶的審計風險這一微觀特徵之后，我們進而選取了客戶的風險性質作為其微觀考察因素。由於風險性質越嚴重，發生審計失敗的可能性越大，在一定程度上會減弱審計師對客戶經濟依賴的影響，從而改變客戶重要性與審計質量的關係。由此，我們以審計師對財務重述公司出具嚴厲審計意見的可能性衡量審計質量，重新檢驗客戶重要性與審計質量的關係。在此基礎上，我們又以財務重述的原因衡量客戶的風險性質，進一步考察其是否會對客戶重要性與審計質量的關係產生顯著的影響。

通過構建審計意見模型，我們發現：總體而言，客戶重要性水平越高，審計師越不傾向於對財務重述公司出具嚴厲審計意見；然而，隨著客戶風險性質嚴重程度的提高，客戶重要性與審計師對財務重述公司出具嚴厲審計意見的可能性由負相關轉變為不相關。這些結果表明，客戶重要性與審計質量的關係不僅取決於宏觀的制度環境，還受到微觀的客戶風險環境的影響。

本書的主要貢獻在於：首先，已有研究主要檢驗了宏觀制度環境對客戶重要性與審計質量關係的影響，而本書進一步考察了微觀客戶風險環境對這兩者關係的影響，從而為客戶重要性與審計質量的關係提供了新的理論解釋，彌補了此方面理論研究的缺失；同時，本書基於財務重述視角，以審計師對財務重述公司的審計意見決策行為衡量審計質量，也為客戶重要性與審計質量的關係提供了新的經驗證據。其次，審計風險的評估與管理是審計理論與政策研究的重要領域，但是由於缺乏可獲得的公開數據，加之私有數據和實驗方法固有的

局限性，該方面的研究受到了極大的限制。而本書以財務重述的原因區分客戶風險性質，並考察在客戶重要性水平不同的情況下審計師風險反應的變化，這進一步拓展了審計師風險評估與管理行為研究。

本章后面部分安排如下：第二部分是文獻回顧與研究假設，第三部分是研究設計，第四部分是研究樣本，第五部分是實證結果，第六部分是穩健性檢驗，第七部分是本章小結。

3.2 文獻回顧與研究假設

3.2.1 文獻回顧

審計師與客戶的經濟聯繫一直以來都受到監管機構和學術界的廣泛關注。雖然已有研究表明，審計師對客戶的經濟依賴程度越大，投資者所認知的審計質量越差（Krishnan et al., 2005; Francis and Ke, 2006; Khurana and Raman, 2006; Ghosh et al., 2009），然而，對於其是否影響實際的審計質量，目前尚沒有取得一致的結論。Ferguson 等（2004）分別以操縱性應計利潤的絕對值和客戶發生財務重述的可能性衡量審計質量。研究發現，客戶重要性水平越高，則其操縱性應計利潤的絕對值和發生財務重述的可能性越大。這表明，客戶重要性與審計質量存在負相關關係。而與此相反，Reynolds and Francis（2001）却發現，對於大會計師事務所的客戶而言，客戶重要性與操縱性應計利潤的絕對值負相關；而且，對於中小會計師事務所客戶，Hunt and Lulseged（2007）也發現了相似的結果。Reynolds and Francis（2001）還以審計師對財務困境客戶出具持續經營審計意見的可能性衡量審計質量。結果發現，客戶重要性水平越高，審計師越傾向於出具持續經營審計意見。Gaver and Paterson（2007）集中考察保險行業，以財務狀況不佳的公司低估準備金的可能性衡量審計質量。結果發現，隨著客戶重要性水平的提高，財務狀況不好的公司低估準備金的可能性逐漸降低。這些研究表明，審計師在審計大客戶時會更為穩健，審計質量不僅沒有降低，反而顯著提高了。此外，Craswell 等（2002）與 Chung and Kallapur（2003）分別以審計師出具非標準審計意見的可能性和操縱性應計利潤的絕對值衡量和計量審計質量，但未能發現客戶重要性與審計質量存在任何顯著的相關關係。

鑒於以上研究結論的不一致性，相關學者開始引入宏觀制度環境因素，以進一步考察客戶重要性與審計質量的關係。Li（2009）以 2002 年 SOX 法案的

實施作為制度環境的分界點。研究發現，在 2002 年之前，客戶重要性與持續經營審計意見不存在顯著的相關關係，而 2002 年之后，兩者存在顯著的正相關關係。基於中國的經驗數據，Chen, Sun and Wu (2010) 以 2001 年銀廣夏事件作為制度環境的分界點。研究發現，在 2001 年以前，客戶重要性水平越高，審計師越不傾向於出具非標準審計意見，而在 2001 年之後，客戶重要性與非標準審計意見的可能性則不存在顯著的相關關係。然而，同樣基於中國上市公司數據，劉啟亮等 (2006) 和喻小明等 (2008) 卻沒有得到相似的研究結論。劉啟亮等 (2006) 以 2003 年《最高人民法院關於受理證券市場因虛假陳述引發的民事賠償案件的若干規定》的頒布實施作為制度環境的分界點。研究發現，在 2003 年之前，客戶重要性與操縱性應計利潤的絕對值不存在顯著的相關關係，而在 2003 年之後，客戶重要性與操縱性應計利潤的絕對值顯著負相關。喻小明等 (2008) 以 2006 年新審計準則和會計準則的頒布實施作為制度環境的節點。研究發現，在 2006 年之前，客戶重要性與操縱性應計利潤的絕對值不存在顯著的相關關係，而在 2006 年之後，兩者在 1% 的水平上變得顯著負相關。這些結果表明，即使在考慮了宏觀制度環境的影響後，對於客戶重要性與審計質量的關係，仍然沒有取得一致的研究結論。

之所以出現這種情況，一種可能是，現有的研究未能很好地捕捉到客戶重要性與審計質量的真實關係。另外一種可能是，已有研究沒有關注影響客戶重要性與審計質量關係的微觀客戶風險環境，尤其是客戶風險性質。鑒於此，本書以審計師對財務重述公司的審計意見決策行為衡量審計質量，重新檢驗客戶重要性與審計質量的關係。在此基礎上，本書以財務重述的原因衡量客戶的風險性質，深入考察其是否會對客戶重要性與審計質量的關係產生顯著的影響。

3.2.2 客戶重要性、財務重述與審計意見

財務重述是指公司對前期財務報表中存在的重大差錯進行糾正或調整的行為。它不僅表明公司在差錯發生期具有較低的財務報告質量，更重要的是重述行為還意味著公司在重述當期具有較高的重大錯報風險 (Cao et al., 2012)。面對財務重述所蘊含的重述當期重大錯報風險，為了將審計風險保持在可接受的範圍內，審計師將採取措施予以應對，而最為直接和有效的風險管理戰略則可能是出具嚴厲的審計意見 (Kim et al., 2006)。

對於客戶而言，嚴厲審計意見會導致負向的市場反應 (Loudder et al., 1992; Blay and Geiger, 2001; 宋常與惲碧琰, 2007)，而且更容易引發監管部門的關注 (徐榮華, 2009)；因此，客戶會利用各種管道對審計師施加影響，以

規避嚴厲審計意見,而其中最為重要的管道便是客戶與審計師之間的經濟聯繫。當審計師擬出具嚴厲審計意見時,重要客戶有動機通過終止合約關係向審計師施加壓力(DeAngelo, 1981),審計師出於經濟依賴傾向於保留重要客戶,向重要客戶妥協,審計師的獨立性因此受到損害(DeFond et al., 2002)。而獨立性的損害則會削弱審計師的風險反應程度,降低其對財務重述公司出具嚴厲審計意見的可能性。

然而,審計師同樣有動機保護其聲譽,降低訴訟和監管風險。對於重要客戶,低質量的審計會嚴重損害審計師的聲譽,從而對其在審計市場上承接和保留客戶產生不利的影響(Reynolds and Francis, 2001)。此外,重要客戶的審計失敗更容易導致訴訟(Stice, 1991; Lys and Watts, 1994)和行政處罰(Chen, Sun and Wu, 2010)。此時,審計師對此類客戶可能更加謹慎(Krishnan and Krishnan, 1997),從而更傾向於對財務重述公司出具嚴厲的審計意見。由於我們並不明確,對於重要的財務重述客戶,審計師如何在經濟依賴和潛在的損失之間進行權衡,由此,我們以零假設的形式提出假設1:

假設1:客戶重要性與審計師對財務重述公司出具嚴厲審計意見的可能性不相關。

3.2.3 客戶風險性質對客戶重要性與審計質量關係的影響

長期以來,監管機構和學術界將關注的焦點集中於財務重述的盈余操縱動機(張為國與王霞,2004; Callen et al., 2008; Kedia and Philippon, 2009),所以依據內在原因進行的細分研究一般將財務重述區分為管理層盈余操縱和非管理層盈余操縱(Palmrose et al., 2004a; Scholz, 2008)。如果財務重述更正的前期差錯不是由管理層盈余操縱導致的,那麼更多是表明公司內部管理能力欠缺;在重述當期,則意味著這類重述公司具有較高的內部控制風險。而如果財務重述更正的前期差錯是由管理層盈余操縱導致的,那麼更多是表明公司品質存在問題;在重述當期,則意味著這類重述公司具有較高的舞弊風險。而且,Cao等(2012)通過構建重大會計差錯模型發現,因非管理層盈余操縱導致財務重述的公司在重述當期發生管理層非故意重大錯報的可能性更大,而因管理層盈余操縱導致財務重述的公司在重述當期發生管理層舞弊的可能性更大,也為此提供了相應的經驗證據。

由此,對於不同原因導致的財務重述,審計師面臨的客戶風險性質存在顯著的差異。我們期望,客戶的風險性質會對客戶重要性與審計質量的關係產生顯著的影響。由內部控制風險到舞弊風險,客戶的風險性質越來越嚴重。相對

非故意的錯報，舞弊更難以被發現（葉雪芳，2006），從而使得審計師發生審計失敗的可能性更大。而且，舞弊引發的市場負面反應顯著地高於非故意的錯報（Palmrose et al., 2004a; Scholz, 2008），這又使得審計師更可能因審計失敗受到訴訟和行政處罰。因此，從內部控制風險到舞弊風險，審計師的訴訟成本和監管成本顯著提高，這在一定程度上消減了審計師對客戶經濟依賴的影響。由此，我們提出假設2。

假設2：隨著客戶風險性質嚴重程度的提高，客戶重要性與審計師對財務重述公司出具嚴厲審計意見的可能性由負相關轉變為不相關或正相關。

3.3 研究設計

依據已有研究（DeFond et al., 1999; Chen et al., 2001），我們構建了如下審計意見決策模型，以檢驗客戶重要性與審計質量的關係。

$$Opin = \beta_0 + \beta_1 Restate + \beta_2 Restate * Impor + \beta_3 Impor + \beta_4 Preopin + \beta_5 Lnasset + \beta_6 Leverage + \beta_7 Roa + \beta_8 Loss + \beta_9 Storation + \beta_{10} Revratio + \beta_{11} Sale\_growth + \beta_{12} Age + \beta_{13} Ownership + \beta_{14} Board\_size + \beta_{15} Board\_confer + \beta_{16} Board\_indep + \beta_{17} Board\_audit + \beta_{18} Chair\_CEO + \beta_{19} Foreign + \beta_{20} Mshare + \beta_{21} Big4 + \beta_{22} Auditch + \beta_{23} Year2004 + \beta_{24} Year2005 + \beta_{24} + i \sum_{i=1}^{4} Region i + \beta_{28} + j \sum_{j=1}^{11} Industry j + \varepsilon \tag{1}$$

$$Opin = \beta_0 + \beta_1 Fraud + \beta_2 Control + \beta_3 Fraud * Impor + \beta_4 Control * Impor + \beta_5 Impor + \beta_6 Preopin + \beta_7 Lnasset + \beta_8 Leverage + \beta_9 Roa + \beta_{10} Loss + \beta_{11} Storation + \beta_{12} Revratio + \beta_{13} Sale\_growth + \beta_{14} Age + \beta_{15} Ownership + \beta_{16} Board\_size + \beta_{17} Board\_confer + \beta_{18} Board\_indep + \beta_{19} Board\_audit + \beta_{20} Chair\_CEO + \beta_{21} Foreign + \beta_{22} Mshare + \beta_{23} Big4 + \beta_{24} Auditch + \beta_{25} Year2004 + \beta_{26} Year2005 + \beta_{26} + i \sum_{i=1}^{4} Region i + \beta_{30} + j \sum_{j=1}^{11} Industry j + \varepsilon \tag{2}$$

模型1和模型2相關變量的解釋如下：

3.3.1 因變量

Opin為模型1和模型2中的因變量，表示審計意見的嚴厲程度。其為啞變量，如果審計師出具非標準審計意見，則Opin取值為1，否則為0。

3.3.2 檢驗變量

在模型 1 中，檢驗變量為 $Restate * Impor$，用於驗證假設 1。其中，$Restate$ 為啞變量，如果公司當期進行財務重述，$Restate$ 取值為 1，否則為 0；$Impor$ 表示客戶重要性水平。由於以客戶的總收費為基礎能更好地衡量審計師對客戶的經濟依賴（DeFond and Francis, 2005），而目前在中國尚無法獲得對客戶的非審計服務收費數據，加之部分上市公司審計收費數據的缺失，由此，我們借鑑已有研究的做法（喻小明等, 2008; Chen, Sun and Wu, 2010），以特定上市公司客戶資產自然對數與事務所所有上市公司資產自然對數之和的比值計量客戶重要性水平。由於假設 1 沒有判斷客戶重要性對審計師風險反應的影響方向，所以此處我們也不對 $Restate * Impor$ 的係數做出預期。

$Fraud * Impor$ 與 $Control * Impor$ 是模型 2 的檢驗變量。$Fraud$ 為啞變量，如果財務重述更正的是由管理層盈余操縱導致的前期差錯，則取值為 1，否則為 0。$Control$ 也為啞變量，如果財務重述更正的是由非管理層盈余操縱導致的前期差錯，則取值為 1，否則為 0。$Impor$ 的定義與模型 1 相同。如果假設 2 成立，那麼我們期望，在模型 2 中，由 β_4 到 β_3，會發生正向的變化。

3.3.3 控制變量

模型 1 和模型 2 中還包含一系列的控制變量。首先，我們控制公司的一般特徵。其中，$Preopin$ 為上期審計意見，上期審計師出具非標準審計意見時，取值為 1，否則為 0。$Lnasset$ 為公司總資產的自然對數，用於控制公司規模對審計意見的影響。$Leverage$ 為公司的資產負債率；Roa 是公司總資產報酬率；$Loss$ 為啞變量，如果公司前一年發生虧損，則取值為 1，否則為 0，它們均用於控制公司經營風險對審計意見的影響。$Storatio$ 為存貨與總資產的比值；$Revratio$ 為應收帳款與總資產的比值，它們用於控制公司經營業務重複程度對審計意見的影響。$Sale\_growth$ 為公司主營業務收入的增長率，以控制公司成長性對審計意見的影響。Age 為公司上市年數的平方根，用於控制公司上市年限對審計意見的影響。另外，模型中包含 4 個地區啞變量[①]、2 個年度啞

[①] 對於地區變量，我們參照 Taylor and Simon (1999) 的做法，以經濟發展水平將中國劃分為 5 個地區，引入 4 個地區啞變量：如果上市公司位於上海、北京、天津、廣東、浙江，$Region_1$ 取值為 1，否則為 0；如果上市公司位於福建、江蘇、山東、遼寧時，$Region_2$ 取值為 1，否則為 0；如果上市公司位於黑龍江、吉林、新疆、海南、湖北和河北時，$Region_3$ 取值為 1，否則為 0；如果上市公司位於貴州、青海、甘肅、寧夏和陝西時，$Region_4$ 取值為 1，否則為 0。

變量①和11個行業啞變量②，以控制地區、期間和行業的影響。

其次，我們控制公司治理特徵。其中，*Ownership* 表示上市公司實際控制人類型，如果上市公司由國有控股，則取值為1，否則為0。*Board_size* 為公司董事會中董事的人數，用於衡量董事會的規模。*Board_confer* 為公司董事會會議的次數。*Board_indep* 為獨立董事占董事會成員的比例，用於衡量董事會的獨立性。*Board_audit* 表示審計委員會的設置情況，如果公司設置審計委員會，則取值為1，否則為0。*Chair_CEO* 為董事長與總經理兩職設置情況，如果董事長與總經理由一人兼任，則取值為1，副董事長、董事兼任總經理取值為2，董事與總經理完全分離取值為3。*Foreign* 為啞變量，如果公司前十大股東中存在外資股東，則取值為1，否則為0。*Mshare* 為年末公司全部高級管理人員（含董事、監事和高管）所持有的股票總數占總股本的比例。

最後，我們控制事務所特徵。其中，Big_4 表示事務所規模，如果事務所為國際「四大」所，則 Big_4 取值為1，否則為0。*Auditch* 也為啞變量，如果事務所發生變更，則取值為1，否則為0。

基於已有研究（DeFond et al., 1999; Chen et al., 2001），我們預期 *Pre-opin*、*leverage*、*Loss*、*Storatio*、*Revratio*、*Age*、*Board_size* 的迴歸系數顯著為正，*Lnasset*、*Roa*、*Sale_growth*、*Board_confer*、*Board_indep*、*Board_audit*、*Chair_CEO*、*Foreign*、*Mshare* 和 Big_4 的系數顯著為負。由於股權性質和事務所變更對審計意見決策行為的影響尚沒有形成一致的結論，因此我們不預期 *Ownership* 和 *Auditch* 的方向。

3.4 研究樣本

對於模型1和模型2，我們以CSMAR中國上市公司財務報表數據庫中列

---

① 由於我們的樣本涉及三個會計年度，因此在模型1和模型2中包含2個年度啞變量 $Year_{2004}$ 和 $Year_{2005}$。

② 對於行業變量，根據中國證監會2001年頒布的《上市公司行業分類指引》，樣本觀察值分佈於12個一級行業分類，由此我們設定了11個行業啞變量。

示的2004—2006年①全部A股上市公司為初始樣本。在初始樣本的基礎上，剔除金融類以及模型1和模型2中公司一般特徵缺失的上市公司觀察值，獲得3,962個上市公司樣本。接下來，我們通過查找上市公司更正公告，手工收集2004—2006年更正前期重大會計差錯的上市公司，將其界定為財務重述樣本；如果涉及會計政策變動、估計變更以及小的詞彙錯誤或者排版上的錯誤都不認為是財務重述。

由此，在上述2004—2006年3962個樣本觀察值中確認了492個財務重述樣本。在此基礎上，我們又剔除缺失公司治理特徵的上市公司觀察值，剩餘3910個上市公司樣本，其中包括485個財務重述樣本。最后，我們剔除缺失事務所特徵的上市公司觀察值，最終得到3,889個上市公司樣本，其中包含480個財務重述樣本。

表3.1　　　　　　　　　　　　樣本分佈情況

Panel A：全樣本的分佈情況				
年度	2004	2005	2006	合計
全樣本	1,243	1,322	1,324	3,889
重述樣本	162	169	149	480
重述樣本比例(%)	13.03	12.78	11.25	12.34
Panel B：依內在原因分類的重述樣本的分佈情況				
年度	2004	2005	2006	合計
盈余操縱樣本比例(%)	18.52	23.08	16.11	19.38
非盈余操縱樣本比例(%)	81.48	76.92	83.89	80.63

隨后，我們借鑑Graham等（2008）與Plumlee and Yohn（2010）的做法，通過分析更正公告中披露的財務重述信息，依據內在原因將財務重述區分為兩類，即管理層的盈余操縱和非管理層的盈余操縱。如果財務重述公告中披露的內容表明前期差錯是由管理層的盈余操縱行為造成的，那麼我們將該類重述的

---

① 我們將樣本期間選擇在2004—2006年，主要是因為2004年1月6日，證監會發布了《關於進一步提高上市公司財務信息披露質量的通知》，其中強調存在重大會計差錯的公司應當以重大事項臨時公告的方式及時披露更正后的財務信息，並詳細說明差錯的原因、內容和對公司財務狀況和經營成果的影響。在此之後，我們可以收集到更為充分的財務重述信息。另外，上市公司2007年開始實施新會計準則，在此之後的3年時間裡，很多上市公司發生的財務重述是源於準則的變化，而並不是公司自身導致的。因此，我們將樣本限定在2004—2006年。

原因判定為管理層的盈餘操縱。具體的判斷標準有如下幾點：①財務重述公告中存在「舞弊」、「虛構」等詞語；②證監會或稅務機關對公司重述的前期差錯進行了處罰；③國資委、財政部、審計委員會、獨立董事等獨立第三方對重述的前期差錯提出質疑，或進行專項檢查；④存在任何新聞報導表明重述的前期差錯與盈餘操縱有關。凡符合以上任意一條標準，我們都將其歸入此類。而其他的重述被判定為非管理層盈餘操縱導致的。

每一項財務重述都是由作者和兩位本土會計師事務所執業註冊會計師單獨分析的。三者之間對財務重述原因有任何不同的理解，都會經過進一步的討論，並最終達成一致的意見。非管理層盈餘操縱導致的財務重述更多意味著公司內部管理能力欠缺，表明公司具有較高的內部控制風險。而管理層盈餘操縱導致的財務重述更多意味著公司品質存在問題，表明公司具有較高的舞弊風險。從非管理層盈餘操縱到管理層盈餘操縱，財務重述蘊含的風險性質越來越嚴重。

樣本的分佈情況列示於表 3.1。由表 3.1 中 Panel A 可知，從整體上看，樣本期內財務重述公司占全部上市公司的比例為 12.34%。即平均而言，每 10 家上市公司至少有 1 家進行財務重述。而且，由於新上市公司當年即進行財務重述的可能性非常小，所以在不考慮當年新上市公司的情況下，樣本期內財務重述的比例將更高。表 3.1 中 Panel B 為依內在原因分類的財務重述樣本的分佈情況。從表 3.1 中 Panel B 可以看出，總體而言，19.38% 的財務重述是由管理層盈餘操縱引起的，這說明管理層盈餘操縱是上市公司財務重述產生的重要原因。

3.5 實證結果

3.5.1 描述性統計

表 3.2 為模型 1 和模型 2 相關變量的全樣本描述性統計結果。由表 3.2 可知，財務重述樣本 $Opin$ 的均值和中位數均在 1% 的水平上顯著大於非重述樣本。這說明在不考慮其他影響因素的情況下，審計師更傾向於對該類公司出具嚴厲的審計意見。另外，表 3.2 還顯示，客戶重要性水平（$Impor$）在重述樣本和非重述樣本間不存在顯著的差異。

表 3.2　　　　　　　　　　　　全樣本描述性統計結果

變量	全樣本 均值	全樣本 中值	重述樣本 均值	重述樣本 中值	非重述樣本 均值	非重述樣本 中值	重述—非重述 T值	重述—非重述 Z值
$Opin$	0.11	0.00	0.25	0.00	0.09	0.00	7.89***	10.51***
$Impor$	0.05	0.04	0.05	0.04	0.05	0.04	0.2	0.51
$Preopin$	0.10	0.00	0.20	0.00	0.08	0.00	6.37***	8.38***
$Lnasset$	21.25	21.18	21.17	21.13	21.26	21.19	−2.06**	−1.56
$Leverage$	0.56	0.53	0.71	0.62	0.54	0.52	7.31***	9.74***
Roa	0.02	0.06	−0.05	0.03	0.03	0.06	−3.15***	−6.98***
$Loss$	0.14	0.00	0.25	0.00	0.12	0.00	6.23***	7.62***
$Storatio$	0.16	0.13	0.16	0.13	0.16	0.13	−0.83	−0.57
$Revratio$	0.14	0.11	0.18	0.14	0.14	0.11	6.97***	7.38***
$Sale\_growth$	0.20	0.15	0.13	0.09	0.22	0.16	−3.65***	−5.35***
Age	2.79	2.83	2.92	3.00	2.78	2.83	5.05***	4.73***
$Ownership$	0.69	1.00	0.69	1.00	0.69	1.00	0.08	0.08
$Board\_size$	6.30	6.00	6.47	6.00	6.28	6.00	2.38***	2.36**
$Board\_confer$	7.62	7.00	8.01	7.00	7.56	7.00	2.91***	3.15***
$Board\_indep$	0.53	0.50	0.52	0.50	0.53	0.50	−2.78***	−1.84*
$Board\_audit$	0.51	1.00	0.52	1.00	0.51	1.00	0.56	0.56
$Chair\_CEO$	2.78	3.00	2.78	3.00	2.78	3.00	−0.06	−0.24
$Foreign$	0.07	0.00	0.06	0.00	0.07	0.00	−0.77	−0.74
$Mshare$	0.01	0.00	0.00	0.00	0.01	0.00	−7.07***	−0.17
Big_4	0.07	0.00	0.01	0.00	0.07	0.00	−9.18***	−5.11***
$Auditch$	0.08	0.00	0.17	0.00	0.07	0.00	5.88***	7.91***

註：*** 表示在1%的水平上顯著，** 表示在5%的水平上顯著，* 表示在10%的水平上顯著；表3.2涉及模型1和模型2中的變量，其總體樣本為3,889個上市公司觀察值，其中財務重述樣本480個；由於篇幅所限，表3.2中沒有列示出年度變量、地區變量和行業變量。

在公司一般特徵上，由表3.2可知，相對於非財務重述樣本，財務重述樣本在前期更可能被出具非標準審計意見（$Preopin$），資產負債率（$Leverage$）和應收帳款占總資產的比例（$Revratio$）較高，資產收益率（Roa）較低，前一

年更可能發生虧損（Loss），公司銷售收入的增長速度（Sale_growth）較慢，公司上市年限（Age）較長。在公司治理特徵上，與非財務重述樣本相比，財務重述樣本董事會規模（Board_size）較大，召開董事會會議的次數（Board_confer）較多，董事會中獨立董事的比例（Board_indep）較低。在事務所特徵上，財務重述樣本更可能由非「四大」（Big$_4$）會計師事務所審計，而且發生事務所變更的可能性（Auditch）也較高。而對於公司規模（Lnasset）和高管持股比例（Mshare），雖然均值檢驗顯示在重述樣本和非重述樣本間存在差異，但中值檢驗結果在統計意義上不顯著。

表3.3　　依內在原因分類的重述樣本描述性統計結果

變量	重述樣本 均值	重述樣本 中值	盈余操縱樣本 均值	盈余操縱樣本 中值	非盈余操縱樣本 均值	非盈余操縱樣本 中值	操縱—非操縱 T值	操縱—非操縱 Z值
Opin	0.25	0.00	0.34	0.00	0.23	0.00	2.07**	2.22**
Impor	0.05	0.04	0.04	0.04	0.05	0.04	−2.17**	−1.61
Preopin	0.20	0.00	0.24	0.00	0.19	0.00	0.88	0.92
Lnasset	21.17	21.13	21.02	20.93	21.20	21.15	−1.67**	−1.50
Leverage	0.71	0.62	0.74	0.64	0.70	0.61	0.83	1.34
Roa	−0.05	0.03	0.09	0.03	−0.09	0.03	2.81***	0.98
Loss	0.25	0.00	0.29	0.00	0.24	0.00	0.91	0.94
Storatio	0.16	0.13	0.17	0.13	0.15	0.13	1.04	0.68
Revratio	0.18	0.14	0.18	0.14	0.18	0.14	−0.40	−0.39
Sale_growth	0.13	0.09	0.10	0.09	0.13	0.10	−0.58	−0.58
Age	2.92	3.00	3.05	3.16	2.89	3.00	2.47***	2.45**
Ownership	0.69	1.00	0.66	1.00	0.70	1.00	−0.76	−0.78
Board_size	6.47	6.00	6.52	6.00	6.46	6.00	0.32	0.35
Board_confer	8.01	7.00	7.77	7.00	8.07	7.00	−0.87	−0.71
Board_indep	0.52	0.50	0.52	0.50	0.52	0.50	−0.35	0.53
Board_audit	0.52	1.00	0.54	1.00	0.52	1.00	0.36	0.36
Chair_CEO	2.78	3.00	2.76	3.00	2.78	3.00	−0.25	−0.53
Foreign	0.06	0.00	0.08	0.00	0.06	0.00	0.44	0.47
Mshare	0.00	0.00	0.00	0.00	0.00	0.00	0.40	0.45

表3.3(續)

變量	重述樣本 均值	重述樣本 中值	盈余操縱樣本 均值	盈余操縱樣本 中值	非盈余操縱樣本 均值	非盈余操縱樣本 中值	操縱—非操縱 T值	操縱—非操縱 Z值
Big_4	0.01	0.00	0.00	0.00	0.02	0.00	−2.47***	−1.21
Auditch	0.17	0.00	0.22	0.00	0.16	0.00	1.17	1.26

註：*** 表示在1%的水平上顯著，** 表示在5%的水平上顯著，* 表示在10%的水平上顯著；表3.3涉及模型1和模型2中的變量，其重述樣本為480個上市公司觀察值，其中因管理層盈余操縱引發財務重述的樣本為93個；由於篇幅所限，表3.3中沒有列示出年度變量、地區變量和行業變量。

表3.3為以內在原因分類的重述樣本描述性統計結果。由表3.3可知，相對於因非管理層盈余操縱導致財務重述的樣本，因管理層盈余操縱導致財務重述的樣本被出具嚴厲審計意見（Opin）的可能性更大，其上市年限（Age）也更長。同樣地，對於客戶重要性水平（Impor）、公司規模（Lnasset）、總資產收益率（Roa）和國際「四大」會計師事務所（Big_4），雖然均值檢驗顯示在兩組樣本間存在差異，但中值檢驗結果在統計意義上並不顯著。

模型1與模型2各自變量之間的相關性程度均比較低，其中，Lnasset與Revratio的相關程度最高，相關係數也僅為−0.33。這表明模型1和模型2並不存在嚴重的共線性問題。由於篇幅所限，我們沒有列示出模型1和模型2主要變量的相關性檢驗結果。

3.5.2 模型迴歸結果

首先，我們考察客戶重要性與審計師對財務重述公司出具嚴厲審計意見的可能性之間的關係，其Probit迴歸檢驗結果列示於表3.4。由表3.4模型1-1的迴歸結果可知，在控制公司一般特徵、公司治理特徵和事務所特徵後，Restate與Opin顯著正相關（P<0.01）。這說明，審計師能夠識別財務重述所蘊含的重述當期重大錯報風險，並通過出具嚴厲審計意見予以應對。

隨後，我們在模型1中引入交乘項Restate * Impor。由表3.4模型1-2的迴歸結果可知，在控制了公司一般特徵後，Restate * Impor在1%的水平上與Opin顯著負相關。在表3.4模型1-3和1-4中，我們又逐步控制公司治理特徵和事務所特徵對審計意見的影響，結果發現Restate * Impor的系數仍然在1%的水平上顯著小於0。這說明，客戶重要性水平越高，審計師越不傾向於對財務重述公司出具嚴厲審計意見。因此，假設1不成立。

表 3.4　客戶重要性、重大錯報風險與審計意見：Probit 迴歸結果

變量	模型 1-1 系數	Z 值	模型 1-2 系數	Z 值	模型 1-3 系數	Z 值	模型 1-4 系數	Z 值
Intercept	-1.39	-1.39	-1.94**	-2.11	-1.95**	-1.99	-1.45	-1.46
Restate	0.34***	3.58	0.77***	4.83	0.79***	4.90	0.80***	4.98
Restate * Impor			-9.66***	-3.35	-9.62***	-3.34	-9.78***	-3.39
Impor			0.91	1.35	0.84	1.25	0.84	1.24
Preopin	1.34***	13.14	1.38***	13.57	1.36***	13.28	1.35***	13.17
Lnasset	-0.05	-1.16	-0.04	-0.91	-0.03	-0.68	-0.05	-1.17
Leverage	1.42***	9.74	1.41***	9.81	1.42***	9.73	1.42***	9.71
Roa	-0.42***	-6.17	-0.44***	-6.49	-0.43***	-6.35	-0.43***	-6.32
Loss	0.19*	1.86	0.19*	1.86	0.20**	1.95	0.20*	1.92
Storatio	-1.59***	-4.51	-1.68***	-4.73	-1.69***	-4.72	-1.69***	-4.69
Revratio	1.59***	5.08	1.61***	5.16	1.58***	5.03	1.60***	5.07
Sale_growth	-0.40***	-5.05	-0.40***	-5.11	-0.41***	-5.19	-0.41***	-5.19
Age	0.07	0.98	0.06	0.88	0.07	0.97	0.07	1.00
Ownership	-0.22***	-2.80			-0.22**	-2.74	-0.22**	-2.78
Board_size	0.01	0.19			0.01	0.40	0.01	0.36
Board_confer	-0.01	-0.61			-0.01	-0.65	-0.01	-0.67
Board_indep	-0.03	-0.07			0.06	0.15	0.02	0.05
Board_audit	-0.01	-0.14			-0.01	-0.11	-0.02	-0.21
Chair_CEO	-0.05	-0.88			-0.05	-0.85	-0.05	-0.92
Foreign	0.24*	1.78			0.29**	2.19	0.23*	1.69
Mshare	-0.13	-0.13			-0.02	-0.02	-0.07	-0.07
Big_4	0.38**	2.44					0.39**	2.47
Auditch	0.08	0.63					0.09	0.77
N	3,889		3,962		3,910		3,889	
Pseudo R^2	0.477		0.475		0.480		0.482	

註：*** 表示在 1% 的水平上顯著，** 表示在 5% 的水平上顯著，* 表示在 10% 的水平上顯著；表 3.4 模型中 1-1 至 1-4 的因變量均為 Opin；由於篇幅所限，表 3.4 中沒有列示出年度變量、地區變量和行業變量的迴歸結果。

接下來，我們考察客戶風險性質對客戶重要性與審計質量關係的影響，其 Probit 實證檢驗結果列示於表 3.5。由表 3.5 中模型 2-1 可以看出，在控制了公司一般特徵、公司治理特徵和事務所特徵後，*Fraud* 與 *Opin* 顯著正相關（P<0.01），同時 *Control* 與 *Opin* 也顯著正相關（P<0.05）。而且，由卡方檢驗可知，在模型 2-1 中，β_1 在 5% 的水平上顯著大於 β_2（Chi^2 = 5.21）。這說明，審計師能夠識別財務重述所蘊含的風險性質，並通過調整出具嚴厲審計意見的可能性做出差異化的風險反應。隨後，我們在模型 2 中引入兩個交乘項：*Fraud * Impor* 與 *Control * Impor*。由表 3.5 中模型 2-2 的迴歸結果可知，在控制公司一般特徵後，*Control * Impor* 在 1% 的水平上與 *Opin* 顯著負相關，而 *Fraud * Impor* 與 *Opin* 則不存在顯著的相關關係。在表 3.5 的模型 2-3 和 2-4 中，我們又逐步控制公司治理特徵和事務所特徵，實證結果仍然未發生變化。這說明，隨著客戶風險性質嚴重程度的提高，客戶重要性與審計師對財務重述公司出具嚴厲審計意見的可能性由負相關轉變為不相關。因此，假設 2 成立。①

表 3.5　客戶重要性、風險性質與審計意見：Probit 迴歸結果

變量	模型 2-1 係數	Z 值	模型 2-2 係數	Z 值	模型 2-3 係數	Z 值	模型 2-4 係數	Z 值
Intercept	-1.42	-1.43	-1.96**	-2.13	-1.99**	-2.02	-1.48	-1.48
Fraud	0.71***	4.06	1.10***	3.05	1.08***	3.02	1.10***	3.06
Control	0.26**	2.24	0.68***	3.63	0.70***	3.75	0.72***	3.83
*Fraud * Impor*			-9.11	-1.18	-8.79	-1.16	-8.75	-1.16
*Control * Impor*			-9.21***	-2.91	-9.23***	-2.92	-9.40***	-2.97
Impor			0.91	1.36	0.85	1.26	0.84	1.24
Preopin	1.35***	13.18	1.38***	13.60	1.36***	13.31	1.36***	13.20
Lnasset	-0.05	-1.11	-0.04	-0.88	-0.03	-0.64	-0.05	-1.13
Leverage	1.41***	9.68	1.41***	9.77	1.41***	9.68	1.41***	9.65
Roa	-0.43***	-6.40	-0.45***	-6.68	-0.44***	-6.53	-0.44***	-6.51
Loss	0.18*	1.81	0.18*	1.81	0.19*	1.90	0.19*	1.87

---

① 這些研究結果表明，隨著客戶重要性水平的提高，審計師可能並不是對所有財務重述公司都更不傾向於出具嚴厲審計意見，而是更不傾向於對因非盈餘操縱引發財務重述的公司出具嚴厲審計意見。換言之，假設 1 的檢驗結果可能更多是源於因非盈餘操縱引發財務重述的公司。

表3.5(續)

變量	模型 2-1 系數	Z 值	模型 2-2 系數	Z 值	模型 2-3 系數	Z 值	模型 2-4 系數	Z 值
$Storatio$	-1.60***	-4.51	-1.69***	-4.76	-1.71***	-4.74	-1.70***	-4.71
$Revratio$	1.60***	5.10	1.61***	5.15	1.57***	4.99	1.59***	5.04
$Sale\_growth$	-0.40***	-5.03	-0.40***	-5.08	-0.41***	-5.17	-0.41***	-5.17
Age	0.06	0.90	0.05	0.80	0.06	0.90	0.07	0.93
$Ownership$	-0.22***	-2.77			-0.22***	-2.72	-0.22***	-2.75
$Board\_size$	0.00	0.14			0.01	0.37	0.01	0.33
$Board\_confer$	-0.01	-0.48			-0.01	-0.55	-0.01	-0.57
$Board\_indep$	-0.02	-0.04			0.06	0.16	0.02	0.06
$Board\_audit$	-0.01	-0.16			-0.01	-0.12	-0.02	-0.23
$Chair\_CEO$	-0.05	-0.90			-0.05	-0.89	-0.05	-0.95
$Foreign$	0.23*	1.69			0.28**	2.10	0.22	1.60
$Mshare$	-0.13	-0.14			-0.03	-0.03	-0.08	-0.09
Big_4	0.39***	2.46					0.39***	2.49
$Auditch$	0.06	0.49					0.08	0.65
N	3,889		3,962		3,910		3,889	
Pseudo R^2	0.480		0.477		0.482		0.484	

註：*** 表示在1%的水平上顯著，** 表示在5%的水平上顯著，* 表示在10%的水平上顯著；表3.5模型2-1至2-4的因變量均為 $Opin$；在表3.5模型2-1中，Test $Fraud = Control$，Chi^2 (1) = 5.21，P = 0.02；由於篇幅所限，表3.5中沒有列示出年度變量、地區變量和行業變量的迴歸結果。

在模型1與模型2的控制變量方面，由表3.4和表3.5可知，公司前期被出具非標準審計意見（$Preopin$）與出現虧損（$Loss$）的可能性越大，資產負債率（$Leverage$）和應收帳款占總資產的比例（$Revratio$）越高，越傾向於聘用「四大」會計師事務所（Big_4）審計，則審計師越傾向於對其出具嚴厲審計意見。而公司總資產收益率（Roa）和銷售收入增長率（$Sale\_growth$）越高，越是由國有控股（$Ownership$），則審計師對其出具嚴厲審計意見的可能性越小。這與我們的預期基本一致。而 $Storatio$ 的系數在1%的水平上顯著為負，$Foreign$ 的系數在10%的水平上顯著為正，與預期不一致。可能是因為，$Storatio$ 不僅

可以衡量公司業務的重複程度，也可以衡量公司資產的流動性；Storatio 越高說明公司資產的流動性越好，財務風險越低，因此被出具非標準審計意見的可能性也越低。存在海外投資者的公司，其較好的公司治理不僅有利於保證財務報告質量，還可能增強審計師的獨立性，提高審計師出具非標準審計意見的可能性。模型 1 和模型 2 中其他控制變量不具有統計顯著性。

3.6 穩健性檢驗

3.6.1 客戶重要性的度量

我們以審計費用為基礎衡量客戶重要性水平，重新對模型 1-1、1-4、2-1 和 2-4 進行 Probit 迴歸分析，以進一步考察審計師對客戶審計收費的經濟依賴是否影響審計質量。相關的迴歸結果列示於表 3.6，沒有發生顯著的變化。

表 3.6 客戶重要性、風險性質與審計意見：以審計費用計量客戶重要性的實證結果

變量	模型 1-1 系數	Z 值	模型 1-4 系數	Z 值	模型 2-1 系數	Z 值	模型 2-4 系數	Z 值
Restate	0.29***	3.56	0.55***	4.12				
Restate * Impor			−5.48**	−2.36				
Fraud					0.61***	4.08	1.03***	3.18
Control					0.25***	2.59	0.48***	3.09
Fraud * Impor							−9.96	−1.40
Control * Impor							−4.54*	−1.80
Impor			0.67	1.13			0.67	1.15
Preopin	1.07***	12.09	1.07***	12.06	1.07***	12.08	1.07***	12.06
Lnasset	−0.02	−0.46	−0.02	−0.45	−0.02	−0.42	−0.02	−0.38
Leverage	0.91***	11.48	0.91***	11.42	0.92***	11.60	0.92***	11.53
Roa	−0.19***	−3.74	−0.19***	−3.80	−0.20***	−4.05	−0.21***	−4.10
Loss	0.29***	3.38	0.29***	3.42	0.29***	3.36	0.29***	3.38
Storatio	−1.38***	−4.38	−1.45***	−4.53	−1.40***	−4.44	−1.47***	−4.59

表3.6(續)

變量	模型 1-1 系數	Z值	模型 1-4 系數	Z值	模型 2-1 系數	Z值	模型 2-4 系數	Z值
Revratio	1.68***	6.57	1.69***	6.61	1.67***	6.50	1.68***	6.52
Sale_growth	-0.48***	-6.78	-0.48***	-6.87	-0.47***	-6.73	-0.48***	-6.83
Age	0.04	0.69	0.04	0.66	0.04	0.57	0.03	0.54
Ownership	-0.23***	-3.21	-0.22***	-3.16	-0.23***	-3.26	-0.23***	-3.24
Board_size	-0.01	-0.38	-0.01	-0.29	-0.01	-0.44	-0.01	-0.31
Board_confer	0.00	-0.01	0.00	-0.06	0.00	0.03	0.00	-0.07
Board_indep	0.07	0.20	0.10	0.27	0.09	0.25	0.12	0.34
Board_audit	0.00	0.06	0.00	0.05	0.00	0.04	0.00	0.04
Chair_CEO	-0.05	-1.07	-0.05	-1.08	-0.05	-1.00	-0.05	-1.04
Foreign	0.20*	1.68	0.20	1.62	0.19	1.59	0.19	1.52
Mshare	-0.26	-0.29	-0.24	-0.26	-0.27	-0.30	-0.26	-0.29
Big_4	0.37***	2.61	0.37***	2.61	0.38***	2.62	0.38***	2.61
Auditch	0.12	1.12	0.12	1.18	0.10	0.93	0.10	1.01
N	3,889		3,889		3,889		3,889	
Pseudo R^2	0.340		0.342		0.342		0.344	

註：*** 表示在1%的水平上顯著，** 表示在5%的水平上顯著，* 表示在10%的水平上顯著；表3.6模型1-1、1-4、2-1和2-4的因變量均為 Opin；在表3.6模型1-4和2-4中，Impor 為特定客戶審計費用自然對數與事務所所有上市公司審計費用自然對數之和的比值；由於篇幅所限，表3.6中沒列示出年度變量、地區變量和行業變量的迴歸結果。

3.6.2 審計意見的多項分類

在前述研究中，我們僅對審計意見進行二項分類，而沒有考慮非標準審計意見之間嚴屬程度的差異。在此，我們進一步將審計意見的類型進行有序多項分類（Opin_order），以驗證和擴展本書提出的假設。在具體定義上，審計師出具標準無保留審計意見 Opin_order 取值為0，帶強調事項段的無保留意見取值為1，保留意見取值為2，帶強調事項段或解釋性說明的保留意見取值為3，無法表示意見取值為4。表3.7列示了對審計意見有序多項分類后的 OProbit 迴歸結果，也未發生顯著的變化。

表 3.7　客戶重要性、風險性質與審計意見：審計意見有序多項分類的實證結果

變量	模型 1-1 系數	Z 值	模型 1-4 系數	Z 值	模型 2-1 系數	Z 值	模型 2-4 系數	Z 值
Intercept	−1.47	−1.40	−1.50	−1.42	−1.55	−1.47	−1.58	−1.48
Misstate	0.35***	3.39	0.75***	4.20				
Misstate * Impor			−7.71***	−2.64				
Fraud					0.73***	3.92	1.13***	2.83
Control					0.30**	2.42	0.69***	3.26
Fraud * Impor							−8.07	−1.07
Control * Impor							−7.10**	−2.20
Impor			0.85	1.29			0.87	1.31
Preopin	1.36***	12.64	1.36***	12.63	1.38***	12.71	1.39***	12.71
Lnasset	−0.06	−1.27	−0.06	−1.31	−0.05	−1.17	−0.06	−1.22
Leverage	1.44***	9.35	1.44***	9.36	1.43***	9.32	1.45***	9.35
Roa	−0.40***	−5.63	−0.41***	−5.75	−0.42***	−5.84	−0.42***	−5.91
Loss	0.22**	2.03	0.22**	2.04	0.20*	1.89	0.21*	1.90
Storatio	−1.58***	−4.18	−1.66***	−4.32	−1.61***	−4.24	−1.72***	−4.44
Revratio	1.58***	4.74	1.57***	4.70	1.56***	4.66	1.54***	4.56
Sale_growth	−0.33***	−3.95	−0.34***	−4.01	−0.33***	−3.94	−0.34***	−3.99
Age	0.04	0.55	0.05	0.60	0.03	0.44	0.04	0.51
Ownership	−0.17**	−1.97	−0.16*	−1.91	−0.17**	−1.97	−0.17**	−1.95
Board_size	0.02	0.68	0.02	0.79	0.02	0.56	0.02	0.72
Board_confer	−0.01	−0.42	−0.01	−0.54	0.00	−0.30	−0.01	−0.46
Board_indep	0.31	0.72	0.37	0.84	0.31	0.71	0.36	0.82
Board_audit	−0.01	−0.07	0.00	−0.04	−0.01	−0.10	0.00	−0.06
Chair_CEO	−0.06	−0.92	−0.06	−0.99	−0.05	−0.88	−0.06	−0.94
Foreign	0.20	1.41	0.19	1.32	0.18	1.29	0.17	1.21
Mshare	−0.89	−0.72	−0.86	−0.69	−0.90	−0.72	−0.89	−0.71

表3.7(續)

變量	模型 1-1		模型 1-4		模型 2-1		模型 2-4	
	系數	Z 值	系數	Z 值	系數	Z 值	系數	Z 值
Big_4	0.26	1.52	0.26	1.52	0.26	1.51	0.26	1.52
$Auditch$	0.09	0.68	0.10	0.81	0.07	0.51	0.09	0.71
N	3481		3481		3481		3481	
Pseudo R^2	0.477		0.480		0.480		0.484	

註：*** 表示在1%的水平上顯著，** 表示在5%的水平上顯著，* 表示在10%的水平上顯著；表3.7模型1-1、1-4、2-1和2-4的因變量均為 Opin_order；由於篇幅所限，表3.7中沒有列示出年度變量、地區變量和行業變量的迴歸結果。

3.6.3 其他的穩健性檢驗

除上述檢驗外，我們還執行了如下穩健性測試：

1. 我們將研究樣本分別限定為財務重述樣本、因管理層盈餘操縱導致財務重述的樣本和因非管理層盈餘操縱導致財務重述的樣本，並且在原有模型的基礎上引入4個變量，分別控制財務重述的程度（Abratio）、方向（Direct）、涉及的會計事項（Core）以及項目數量（Num）的影響①，以進一步驗證假設1和假設2。實證結果表明，對於財務重述樣本和因非管理層盈餘操縱導致財務重述的樣本，客戶重要性與嚴厲審計意見的可能性存在顯著的負相關關係；而對於因管理層盈餘操縱導致財務重述的樣本，客戶重要性與嚴厲審計意見的可能性不存在顯著的相關關係。這與前述研究結果相一致。

2. 為了進一步控制財務重述可能存在的內生性問題，我們在檢驗假設1時，採用了 Heckman 兩階段迴歸模型。在我們構建的一階段財務重述（Restate）模型中包含模型1中所有的控制變量和1個工具變量。其中，工具變量是重述前一年期間總經理或董事長是否發生變更（IV1），如果發生變更則取值為1，否則為0。新任的總經理或董事長對於前期的財務報告更為獨立，

---

① 其中，Abratio 表示財務重述的程度，借鑑 Palmrose 等（2004b）的做法，以財務重述對前期留存收益的累計影響額除以重述前的總資產進行計量；Direct 表示財務重述的方向，如果是調低前期盈餘的重述，則取值為1，否則為0。Core 表示財務重述涉及的會計事項，如果屬於核心會計事項的重述，則取值為1，否則為0。與 Palmrose 等（2004b）一致，核心重述的定義為涉及收入、主營業務成本及營業費用的重述。Num 表示財務重述的項目數量，如果重述項目大於或等於3項，則取值為1，否則為0。

由此更可能發現並更正前期財務報告中存在的重大會計差錯。一階段財務重述模型的迴歸結果也表明，該工具變量與財務重述（*Restate*）在1%的水平上顯著正相關。而且該工具變量與包含所有外生變量的模型1的迴歸殘差不存在顯著的相關關係。由此，基於該工具變量的Heckman兩階段迴歸模型是相對可靠的。接下來，我們將在第一階段財務重述模型迴歸分析中獲得的IMR（Inverse Mills Ratio）納入第二階段模型1-1至1-4，兩階段迴歸結果並沒有發生顯著的變化。而且，IMR的系數在統計意義上並不顯著，這說明財務重述不存在明顯的內生性問題。

3. 為了控制極端值對實證結果產生的影響，我們將模型1和模型2中所有連續變量按上下1%分位數進行截取（Winsorize）。即高於上1%分位數的樣本按上1%分位數取值，低於下1%分位數的樣本按下1%分位數取值。極端值的剔除對實證結果沒有產生顯著的影響。

4. 我們對模型1-1至1-4和模型2-1至2-4重新進行Logit迴歸分析。Probit和Logit的主要區別在於採用的分佈函數不同，前者假設隨機變量服從正態分佈，而后者假設隨機變量服從邏輯概率分佈。採用Logit方法后迴歸結果也沒有發生顯著的變化。

3.7　本章小結

一直以來，客戶重要性與審計質量的關係都是監管機構和學術界關注的中心議題。然而，雖然許多學者對此進行了實證分析，但並沒有形成一致的研究結論。鑒於此，本章試圖以審計師對財務重述公司的審計意見決策行為衡量審計質量，重新檢驗客戶重要性與審計質量的關係。在此基礎上，我們以財務重述的原因衡量客戶的風險性質，以深入考察其是否會對客戶重要性與審計質量的關係產生顯著的影響。

我們研究發現，總體而言，客戶重要性水平越高，審計師越不傾向於對財務重述公司出具嚴厲審計意見；然而，隨著客戶風險性質嚴重程度的提高，客戶重要性與審計師對財務重述公司出具嚴厲審計意見的可能性由負相關轉變為不相關。我們的研究結果在考慮了客戶重要性的度量、審計意見的分類、樣本選擇、財務重述的內生性問題、極端值和替代性計量模型的影響後仍然是穩健的。

這些結果表明，客戶重要性與審計質量的關係不僅取決於宏觀的制度環

境，還受到微觀的客戶風險環境的影響。本書的研究結論不僅為客戶重要性與審計質量的關係提供了新的經驗證據，更為重要的是進一步厘清了影響客戶重要性與審計質量關係的微觀客戶風險環境因素，彌補了此方面理論研究的空白。此外，我們的研究結論還從客戶與審計師的經濟聯繫視角擴展了審計風險評估與管理行為研究。

4 客戶重要性、事務所特徵與審計質量

4.1 概述

本部分我們將試圖基於微觀執業環境視角考察事務所層面的微觀因素對客戶重要性與審計質量關係的影響。我們選取了事務所的審計任期和規模作為考察的微觀因素。首先，對於事務所任期而言，隨著審計任期的延長，事務所與客戶之間會逐漸建立起一種密切的私人關係。此時，這種私人關係對審計質量的影響可能會超過客戶的經濟依賴對審計質量的影響。其次，對於事務所規模來說，一般觀點認為，相對於小事務所，大事務所由於在客戶數量和規模上占據優勢，對客戶的經濟依賴程度會明顯降低。然而，種種事實顯示，在中國的特有審計環境下，大事務所並沒有減弱對重要客戶的依賴程度。基於此，我們的研究將試圖考察事務所的任期和規模是否是影響客戶重要性與審計質量關係的重要微觀因素。

我們研究發現，總體而言，客戶重要性水平越高，事務所越不傾向於對重大錯報風險出具嚴厲審計意見。而在進一步區分事務所特徵后，研究發現：①較之長任期，短任期時客戶重要性與事務所對重大錯報風險出具嚴厲審計意見的概率更趨向於負相關；②較之小事務所，大事務所審計時，客戶重要性與事務所對重大錯報風險出具嚴厲審計意見的概率也更趨向於負相關。這些研究結果表明，客戶重要性與審計質量的關係不僅會受到宏觀制度因素的影響，還會隨著事務所特徵（任期與規模）的變化而發生轉變。

本章在理論上主要有兩個方面的貢獻。首先，已有研究大多從宏觀制度視角解釋客戶重要性與審計質量的關係，但由於宏觀制度因素的不可控性和惰

性，其研究結論和政策建議往往缺乏可操作性。而現有的考察事務所特徵的文獻非常有限，尤其是尚未有文獻研究事務所任期對客戶重要性與審計質量關係的影響。此外，僅有的兩篇研究事務所特徵的文獻關注事務所規模對客戶重要性與審計質量的影響，但是這兩篇文獻主要是基於事務所聲譽理論對該因素進行討論的，卻忽視了中國事務所特殊的執業環境和事務所風險管理策略之間的相互替代作用。而本章選擇從事務所任期與規模兩個方面考察事務所特徵對客戶重要性與審計質量關係的影響，這不僅彌補了此方面理論研究的不足，同時也為這兩者的關係提供了新的理論解釋。

其次，已有研究大多沒有區分客戶的重大錯報風險，而是將高風險客戶和低風險客戶進行混合檢驗。然而，客戶重要性與審計質量的關係在風險程度不同的客戶間可能存在顯著的差異。而且，客戶重要性對審計質量的負向影響更可能作用和表現在高風險客戶上。這是因為，對於低風險客戶，事務所出具嚴厲審計意見的可能性本身就非常低，此時大客戶也缺乏運用客戶對其的經濟依賴進一步影響審計質量。而我們選擇事務所風險管理視角展開研究，即以上市公司的財務重述行為衡量客戶的重大錯報風險，通過考察不同任期和規模的事務所如何運用嚴厲審計意見這一風險管理策略應對大客戶的重大錯報風險，來深入研究客戶重要性對審計質量的影響。這為研究客戶重要性與審計質量的關係提供了新的視角和經驗證據。

4.2 文獻回顧

目前，研究客戶重要性與審計質量關係的路線主要有兩條。一條路線是分別考察審計費用和非審計費用對審計質量的影響，另一條路線則是考察總體收費的影響。DeFond and Francis（2005）以及 Francis（2006）認為，無論是審計收費還是非審計收費都會增強事務所對客戶的經濟依賴，加之兩類收費之間也存在一定的相關關係，所以以總體收費衡量事務所對客戶的經濟依賴程度更為適合。因此，在這裡，我們重點回顧以總體收費或者總體收費的替代變量衡量客戶重要性的文獻。

雖然現有的直接考察客戶重要性與審計質量關係的文獻較多，但其研究結論並不一致。魯桂華等（2007）通過對 2004 年滬深兩市上市公司的研究，發現相對較小的客戶被出具非標準審計意見的概率較高。陸正飛等（2012）以企業集團作為一個整體研究集團客戶重要性對審計質量的影響，研究發現隨著

集團客戶重要性水平的提高，事務所出具非標準審計意見的概率逐漸降低。這些研究表明，客戶重要性水平越高，事務所的獨立性越弱，其越不可能出具嚴厲審計意見。此外，張繼勛和張麗霞（2011）發現，在與大客戶談判時，事務所接受的客戶最終資產價值比較高，而且更傾向於採用合作型談判策略；原紅旗和韓維芳（2012）的研究表明，事務所對客戶的經濟依賴會降低其獨立性，導致操縱性應計項目顯著提高。這也為客戶重要性對審計意見決策的負向影響提供了間接的經驗證據。

然而，Reynolds and Francis（2001）以財務困境公司為研究樣本，發現隨著客戶重要性水平的提高，事務所對財務困境公司出具非標準審計意見的概率逐漸增大。方軍雄等（2004）從首度虧損這個視角展開研究，發現客戶重要性水平越高，事務所對首度虧損客戶出具非標準審計意見的概率越大。這些研究說明，隨著客戶重要性的提高，事務所反而更傾向於出具嚴厲審計意見。不過，Craswell 等（2001）、王躍堂和趙子夜（2003）、曹強和葛曉艦（2009）基於不同地區和期間的樣本，却未發現客戶重要性與審計質量存在任何顯著的相關關係。

基於以上研究結論的不一致性，研究者意識到客戶重要性與審計質量的關係可能並不是孤立存在的，而是會受到其他因素影響的。於是，相關文獻開始關注影響這兩者關係的宏觀制度因素。劉啓亮等（2006）和喻小明等（2008）分別考察了事務所法律責任和準則環境變化前後客戶重要性與盈餘管理的關係。他們發現，事務所法律責任加重和準則環境改善後，事務所會更加謹慎，進而會更好地抑制管理層的盈餘管理行為。這兩篇文章雖然未直接考察宏觀制度因素對客戶重要性與審計質量關係的影響，却為此方向的研究提供了理論和經驗支持。隨後，Li（2009）基於財務困境公司考察了 SOX 法案實施前後的變化。研究發現，SOX 法案實施前，客戶重要性與事務所對財務困境公司出具持續經營審計意見的概率不存在顯著的相關關係，而在該法案實施後，兩者存在顯著的正相關關係。Zhou and Zhu（2012）關注亞洲金融危機對客戶重要性與審計質量關係的影響。他們以亞洲六個國家的上市公司為研究對象，發現亞洲金融危機前客戶重要性與事務所出具非標準審計意見的概率不相關，而在亞洲金融危機後，由於各國紛紛強化投資者保護制度，這兩者變得顯著正相關。基於中國的經驗數據，Chen 等（2010）和陸正飛等（2012）分別以銀廣夏事件與 2007 年新會計準則、審計準則及審計師民事訴訟風險的加強作為中國宏觀制度環境的分界點，也得到了類似的研究結論。總體而言，這些研究表明宏觀制度因素改善後，客戶重要性與事務所出具嚴厲審計意見的概率更趨向於正相關。

然而，宏觀制度因素的變革一般需要經歷一個漫長的過程，而且對於註冊會計師行業自身而言往往是不可控的。因此，相對於變革宏觀制度因素，通過識別事務所特徵來降低客戶重要性對審計質量的消極影響，或者增強客戶重要性對審計質量的積極影響，顯得更為現實和有效。而據我們所知，目前在國內外重要的會計期刊上考察決定客戶重要性與審計質量關係之事務所特徵因素的文獻相當有限，尤其是尚未有文獻研究事務所任期對客戶重要性與審計質量關係的影響。此外，僅有兩篇研究事務所特徵的文獻（陸正飛等，2012；Chi et al.，2012）關注事務所規模對客戶重要性與審計質量的影響，但是這兩篇文獻主要是基於事務所聲譽理論對該因素進行討論，卻忽視了中國事務所特殊的執業環境和事務所風險管理策略之間的相互替代作用。鑑於此，本章基於會計師事務所風險管理視角，選擇從任期與規模兩個方面考察事務所特徵對客戶重要性與審計質量關係的影響，以彌補了此方面理論研究的缺失。

4.3 研究假設

4.3.1 客戶重要性、重大錯報風險與審計質量

基於中國註冊會計師審計準則第 1101 號闡述的審計風險模型，當客戶存在重大錯報風險時，為了將審計風險控制在可接受的範圍內，事務所將會採取措施予以應對，其中最為直接和有效的風險管理策略可能是出具嚴厲審計意見。然而，客戶重要性水平不同，事務所對重大錯報風險出具嚴厲審計意見的可能性也不同。一方面，由於嚴厲審計意見所引發的嚴重經濟后果（Loudder et al.，1992；Blay and Geiger，2001；宋常和惲碧琰，2005），當事務所擬通過出具嚴厲審計意見應對客戶的重大錯報風險時，存在重大錯報風險的大客戶有動機和能力通過終止合約關係向事務所施加壓力。事務所出於經濟上的依賴，傾向於保留該類客戶（DeAngelo，1981），在出具嚴厲審計意見上向其妥協。而且，夏冬林與林震昃（2003）通過分析中國審計市場的審計費用水平，以及判斷市場競爭程度的市場集中度、行業平均勞動生產率和平均利潤率，發現中國審計市場上存在激烈的競爭，這使得在中國事務所對重大錯報風險的審計意見決策更易受到大客戶經濟壓力的影響。由此，我們可以推論出，客戶重要性水平越高，事務所越不傾向於對重大錯報風險出具嚴厲審計意見。

另一方面，事務所同樣有動機保護其聲譽，降低訴訟和監管風險。對於存在重大錯報風險的大客戶，審計失敗會嚴重損害事務所的聲譽，從而對其在審計市場上承接和保留客戶產生不利的影響（Reynolds and Francis，2001）。此

外，對於存在重大錯報風險的大客戶，審計失敗也更容易導致訴訟和行政處罰（Stice, 1991; Lys and Watts, 1994; Chen et al., 2010）。由此，我們可以推論出，客戶重要性水平越高，事務所在對重大錯報風險做出審計意見決策時越謹慎，從而越傾向於對其出具嚴厲審計意見。所以，總體而言，當事務所面對重大錯報風險時，客戶重要性與審計質量的關係取決於經濟依賴與妥協成本這兩方面力量的對比。

然而，由於中國審計市場缺乏對事務所和審計師職業聲譽的有效需求，尚不能準確地區分職業聲譽，並及時做出相應的評價，所以聲譽機制對事務所的約束作用還相當有限（方軍雄，2009）。而且，雖然中國法律環境建設的速度非常快，但整體的法律環境狀況還比較差，事務所的法律風險相對較低（王良成等，2011）。此外，中國監管部門的行政處罰力度較小，難以對事務所起到有效的監督作用。而且，在遭到處罰後，項目組還可以通過帶項目「跑路」，或者主動「被吸收合併」的方式「金蟬脫殼」。2013年因會計舞弊案被撤銷證券服務業務許可的深圳鵬程會計師事務所和中磊會計師事務所便是很好的例證。基於以上這些原因，我們認為，在中國，事務所對存在重大錯報風險的大客戶妥協嚴厲審計意見的成本相對較小，相應的經濟依賴的影響占據主導地位。由此，我們提出假設1。

假設1：客戶重要性水平越高，事務所越不傾向於對重大錯報風險出具嚴厲審計意見。

4.3.2 事務所任期對客戶重要性與審計質量關係的影響

事務所任期對客戶重要性與審計質量的影響可以從獨立性和專業勝任能力兩個方面分析。首先，隨著事務所任期的延長，事務所與客戶的關係越來越密切，事務所的獨立性逐漸受到損害，而獨立性的損害則會對客戶重要性與審計質量的關係產生影響。當事務所任期較長，無論是存在重大錯報風險的小客戶，還是存在重大錯報風險的大客戶，可能僅利用長任期密切的私人關係就可以很好地說服事務所，將其出具嚴厲審計意見的概率降低到足夠低的水平。而且，重大錯報風險客戶也更傾向於利用長任期形成的密切私人關係說服事務所，使其在出具嚴厲審計意見上妥協，而不是利用激烈的、可能造成事務所逆反情緒的經濟壓力方法。此時，存在重大錯報風險的大客戶可能不需要或者無法再利用其經濟重要性進一步迫使事務所在出具嚴厲審計意見上做出讓步。也就是說，長任期時，密切的私人關係削弱了客戶重要性與事務所對重大錯報風險出具嚴厲審計意見的負相關關係。而當事務所任期較短，小客戶與大客戶均無法利用私人關係說服事務所，但存在重大錯報風險的大客戶則可以利用其經

濟重要性迫使事務所在出具嚴厲審計意見上做出妥協。換言之，短任期時，由於私人關係的缺失，客戶重要性與事務所對重大錯報風險出具嚴厲審計意見的負相關關係凸顯出來。

其次，事務所任期對客戶重要性與審計質量關係的影響不僅取決於獨立性，還取決於專業勝任能力。隨著事務所任期的延長，審計次數的不斷增加，事務所能更深入地瞭解大客戶的生產經營特點和交易流程、營運體系和內部控制系統、行業的市場競爭地位、所採用的會計政策等，從而更好地鑑別和分析大客戶會計報表的重大錯報風險，採取有效的審計程序、搜集適當的審計證據，最終有利於降低事務所的審計風險。這使得相對於短事務所任期，長事務所任期時事務所更不傾向於對大客戶出具嚴厲審計意見。換言之，長任期時，由於專業勝任能力的提高，客戶重要性與事務所對重大錯報風險出具嚴厲審計意見的負相關關係更為凸顯。

由此，事務所任期對客戶重要性與審計質量關係的影響取決於獨立性與專業勝任能力的力量對比。目前，大部分國外研究表明，長任期對獨立性的負向影響不占主導地位（Geiger and Raghunandan，2002；Johnson et al.，2002；Myers et al.，2003；Carcello and Nagy，2004；Stanley and DeZoort，2007）。而基於中國資本市場的研究卻恰恰與之相反。雖然夏立軍等（2005）以1996-1998年盈餘管理可能性較大的公司為研究樣本，並未發現事務所任期損害事務所獨立性的經驗證據；但中國大部分研究表明事務所任期越長，事務所與客戶的私人關係越密切，事務所的獨立性越差。例如，李爽和吳溪（2003）研究發現，事務所任期越長，事務所在對持續經營不確定性發表審計意見時變通的可能性越大；劉啓亮（2006）和羅黨論等（2007）均發現，事務所任期與上市公司的盈餘管理程度正相關；陳信元和夏立軍（2006）以中國證券市場上2000—2002年期間獲得標準無保留意見的上市公司為研究樣本，發現當事務所任期超過一定年份（約6年）時，事務所任期與公司操縱性應計呈正相關關係；曹強和葛曉艦（2009）發現，相對於短任期，長任期事務所更不傾向於對財務重述公司出具非標準審計意見。宋衍衡和付浩（2012）研究表明，事務所任期越長，則越不傾向於對發布補充更正公告的上市公司出具非標準審計意見。這些文獻表明，在中國，長事務所任期對獨立性的負面影響大於對專業勝任能力的正向影響，獨立性的負面影響占主導地位。因此，我們也預期客戶重要性與審計質量的關係也更多地受獨立性的影響。由此，我們提出假設2。

假設2：相對於長任期，短任期時客戶重要性與事務所對重大錯報風險出具嚴厲審計意見的概率更趨向於負相關。

4.3.3 事務所規模對客戶重要性與審計質量關係的影響

對於事務所規模的影響，陸正飛等（2012）和 Chi 等（2012）研究認為，大事務所出現審計失敗將損失更多未來準租金的機會，所以大事務所比小事務所更有動機在審計決策時保持謹慎態度以維護其品牌聲譽，從而使得大事務所更傾向於對大客戶出具嚴厲審計意見。然而，他們在分析中却忽視了中國事務所特有的執業環境和事務所風險管理策略之間的相互替代作用。

首先，整體上，中國法律訴訟環境比較薄弱，事務所面臨的訴訟風險較低，監管部門成為監督事務所執業質量的主要力量。在這種特殊的執業環境下，事務所的主要風險來自於監管風險。而大事務所大多具有官方背景，這種特殊的背景可能不僅有利於其爭取客戶資源，還有利於其規避監管風險。而且，大事務所有更好的資金優勢，有能力承擔相關的溝通與遊說成本，加之其擁有的廣闊的人脈資源，使之更容易與監管部門建立和保持良好的關係，從而能夠進一步降低監管風險。在監管風險較低，預期損失較小的情況下，大事務所可能更傾向於向大客戶妥協，更不可能對其出具嚴厲審計意見。

其次，大事務所在專用性資產方面的投入更多，從而使得大事務所有能力對存在重大錯報風險的大客戶及時調整審計計劃、實施差異化的審計活動、配置專家人員以及開展內部和外部的同行評議，有利於事務所進一步評估大客戶重大錯報風險的可能性和影響程度，減少事務所的審計風險。這些提高審計專業勝任能力的風險管理策略與嚴厲審計意見策略在一定程度上具有替代性。而且，隨著客戶重要性水平的提高，基於自身經濟利益的考慮，相對於激進的嚴厲審計意見策略，大事務所可能更傾向於運用更為緩和的其他風險管理策略應對客戶的重大錯報風險。這種替代增強了大事務所客戶重要性與事務所對重大錯報風險出具嚴厲審計意見的負相關關係。由此，我們在考慮中國特有執業環境和事務所風險管理策略相互替代基礎上，重新檢驗事務所規模對客戶重要性與審計質量關係的影響，提出假設3。

假設3：相對於小事務所，大事務所審計時，客戶重要性與事務所對重大錯報風險出具嚴厲審計意見的概率更趨向於負相關。

4.4 研究設計

借鑑已有研究文獻的做法（DeFond et al., 1999; Chen et al., 2001），基於會計師事務所風險管理視角檢驗事務所特徵對客戶重要性與審計質量關係的影

響，我們構建了如下審計意見模型：

$$Opin = \beta_0 + \beta_1 Misstate\_risk + \beta_2 Misstate\_risk * Impor + \beta_3 Impor + \beta_4 Preopin + \beta_5 Lnasset \\ + \beta_6 Leverage + \beta_7 Roa + \beta_8 Loss + \beta_9 Storatio + \beta_{10} Revratio + \beta_{11} Sale\_growth + \beta_{12} \\ Age + \beta_{13} |DA| + \beta_{14} Ownership + \beta_{15} Board\_size + \beta_{16} Board\_confer + \beta_{17} Board\_ \\ indep + \beta_{18} Board\_audit + \beta_{19} Chair\_CEO + \beta_{20} Foreign + \beta_{21} Mshare + \beta_{22} \\ Year2004 + \beta_{23} Year2005 + \beta_{23} + i\sum_{i=1}^{4} Regioni + \beta_{27} + j\sum_{j=1}^{11} Industryj + \varepsilon \qquad (1)$$

模型1相關變量的解釋如下：

1. 因變量

Opin 為模型1中的因變量，表示審計意見的嚴厲程度。其為啞變量，如果事務所出具非標準審計意見，則 Opin 取值為1，否則為0。

2. 檢驗變量

在模型1中，檢驗變量為 Misstate_risk * Impor。其中，Misstate_risk 為啞變量，如果公司財務報表中存在重大錯報風險，Misstate_risk 取值為1，否則為0；Impor 表示客戶重要性水平。我們借鑑已有研究的做法（劉啓亮等，2006；喻小明等，2008；曹強，葛曉艦，2009；Li，2009；Zhou and Zhu，2012；Chen et al.，2010；Chi et al.，2012），以特定上市公司客戶資產自然對數與事務所所有上市公司資產自然對數之和的比值計量客戶重要性水平。在以客戶總資產確定客戶重要性水平時，我們以未做剔除的樣本作為計算依據。如果假設1成立，我們期望，Misstate_risk * Impor 的係數顯著為負。

我們進一步以事務所任期和規模對總體樣本進行分類，考察事務所特徵的影響。遵循之前研究的做法，我們將短任期界定為小於或等於3年，把長任期界定為大於或等於5年（Johnson et al.，2002；Geiger and Raghunandan，2002；Myers et al.，2003；劉啓亮，2006）。另外，為保證結果的穩健性，我們又將短任期界定為小於或等於4年，將長任期界定為大於或等於6年。如果假設2成立，我們期望，相對於長任期組，短任期組 Misstate_risk * Impor 的係數更趨向於負。在對事務所規模進行分類時，我們以中國註冊會計師協會公布的事務所當年總收入為分類標準，分別將總收入在前10位、前15位和前20位的事務所確定為大事務所，而將總收入在非前10位、非前15位和非前20位的事務所確定為小事務所。之所以沒有對國際「四大」會計師事務所進行單獨分析，是因為其總樣本量和重大錯報風險樣本量不足。如果假設3成立，我們期望，相對於小事務所組，大事務所組 Misstate_risk * Impor 的係數更趨向於負。

3. 控制變量

我們在模型1中還設置了一系列控制變量，用以控制其他因素對審計意見的影響。我們首先設置變量控制公司一般特徵的影響。Preopin 是上一期事務

所對公司出具的審計意見類型，當出具的為非標準審計意見，取值為1，否則為0。由於審計意見具有一定持續性，上一期的影響審計意見的因素可能仍會對當期的審計意見產生影響，尤其是非標準審計意見，因此我們預期該變量與當期審計意見正相關。Lnasset 是公司總資產的自然對數，用來控制公司規模的影響。由於規模較大的公司內控制度更為健全，而且更容易得到事務所的重視，因此我們預期該控制變量與審計意見負相關。Leverage 為公司的資產負債率；Roa 是公司總資產報酬率；Loss 為啞變量，如果公司上一年度發生虧損，則取值為1，否則為0；這些變量主要用來控制公司經營風險的影響。由於公司經營風險越高，當期出具非標準審計意見可能性越大，因此我們預期 Leverage 和 Loss 的係數為正，Roa 的係數為負。Storatio 為存貨與總資產的比值；Revratio 為應收帳款與總資產的比值；它們用來控制公司經營業務重複程度的影響。由於公司經營業務越重複，其持續經營能力出現問題的可能性越大，因此被出具非標準審計意見的概率也越大，因此我們預期這兩個變量的係數為正。Sale_growth 為公司主營業務收入的增長率，是衡量公司成長性的指標；較高的增長率說明公司的存在較低的經營風險，被出具非標準審計意見的可能性越小，因此我們預期係數為負。Age 為公司的上市年數的平方根，用來控制公司上市年限的影響。|DA|為公司操縱性應計利潤的絕對值，用來控制公司盈餘管理水平，我們採用分年度、分行業的 Jones 模型計算獲得。依據已有研究（DeFond et al., 1999; Chen et al., 2001），公司上市年限越久，盈餘管理越嚴重，被出具非標準審計意見的可能性越大，因此我們預期 Age 和 |DA| 這兩個變量係數為正。另外，模型中包含4個地區啞變量、2個年度啞變量和11個行業啞變量①，以控制地區、期間和行業的影響。

接下來，我們設置變量用來控制公司治理情況的影響。Ownership 為上市公司實際控制人類型，如果上市公司為國有控股，則取值為1，否則為0②。Board_size 為公司董事會中董事的人數，用於衡量董事會的規模。之前的研究認為，董事人數越多效率越低，公司治理水平越差，被出具非標準審計意見的可能性越大，因此我們預期其係數為正。Board_confer 是公司董事會會議的次數。Board_indep 是獨立董事佔董事會成員的比例。Board_audit 為審計委員會

---

① 對於地區變量，我們參照 Taylor and Simon（1999）的做法，以經濟發展水平將中國劃分為5個地區，引入4個地區啞變量。對於行業變量，根據中國證監會2001年頒布的《上市公司行業分類指引》，樣本觀察值分佈於12個一級行業分類，由此我們設定了11個行業啞變量。由於我們的樣本涉及三個會計年度，因此在模型1中包含2個年度啞變量 $Year_{2004}$ 和 $Year_{2005}$。

② 由於股權性質對審計質量的影響尚未形成一致的結論，因此我們這裡不預期 Ownership 的係數方向。

的設置情況，如果公司設置審計委員會，則取值為 1，否則為 0。*Chair_CEO* 表示董事長與總經理兩職設置情況，如果董事長與總經理由一人兼任，則取值為 1，副董事長、董事兼任總經理取值為 2，董事與總經理完全分離取值為 3。*Foreign* 表示公司存在外資股東情況，如果公司前十大股東中存在外資股東，則取值為 1，否則為 0。*Mshare* 為年末公司全部高級管理人員（含董事、監事和高管）所持有的股票總數占總股本的比例。上述變量均用以衡量公司治理水平，且越大表示公司治理水平越好，被出具非標準審計意見的可能性越低，因此我們預期這些變量的系數均為負。

4.5 研究樣本

我們通過手工收集 A 股上市公司 2004—2010 年發布的前期重大會計差錯更正公告確定重大錯報風險樣本。首先，我們收集 2004—2006 年發布前期重大會計差錯更正公告的公司，即財務重述公司，將其界定為重大錯報風險的初始樣本。有效的重大錯報風險的初始樣本為 480 個。有效樣本是指非金融類以及模型 1 中公司一般特徵、公司治理特徵、事務所任期和規模數據未缺失的上市公司觀察值。隨後，我們重新收集 2005—2010 年發布前期重大會計差錯更正公告的公司，並依據其披露的信息查找錯報發生期在 2004—2006 年的上市公司，將其界定為重大錯報樣本。有效的重大錯報樣本為 430 個。重大錯報風險樣本與重大錯報樣本存在 114 個交叉樣本。由於事務所對重大錯報風險和實際重大錯報的反應可能存在顯著差異，因此我們剔除了相關的交叉樣本，最終獲得 366 個重大錯報風險樣本。相應的 2004—2006 年有效的財務報表中不存在重大錯報的非重大錯報風險樣本 3097 個，總樣本為 3463 個。非重大錯報風險樣本中剔除了當期財務報表中存在重大錯報的上市公司觀察值。

曹強等（2012）通過分析前期差錯更正公告的信息，發現中國上市公司前期存在重大會計差錯的原因主要有 3 種：管理層的盈余操縱行為、公司內部控制缺陷和會計準則的模糊性。如果前期重大會計差錯是前期管理層盈余操縱導致的，那麼表明公司的品質和信譽可能存在問題。如果前期重大會計差錯是內部控制缺陷導致的，那麼表明公司的內部控制設計或執行存在問題。如果前期重大會計差錯是會計準則的模糊性導致的，那麼更多是表明相應的會計準則尚不清晰。而無論是公司品質與信譽問題、內部控制制度問題還是會計準則問題都不是能夠在短期內改善的，因此這些問題可能會延續到錯報更正期，而使該類公司在錯報更正期存在較高的重大錯報風險。曹強等（2012）研究也發

現，相對於非財務重述公司，財務重述公司的重大錯報風險更高。因此，我們以客戶的財務重述行為衡量其重大錯報風險在一定程度上是可行的。

模型1的樣本分佈情況列示於表4.1。由表4.1的Panel D可知，從整體上看，樣本期內存在重大錯報風險的公司占全部上市公司的比例為10.57%，即平均而言，每10家上市公司就有1家披露其前期存在重大錯報。從表4.1的Panel B可以看出，公司財務報表中存在的重大錯報更多是在隨后一年被披露出來，而且錯報披露期與錯報發生期的時間間隔越長，前期錯報被披露出來的可能性越小。此外，由2010年重述公告查找到的2004—2006年存在重大錯報的上市公司觀察值分別僅有0個、1個和3個。根據以上的趨勢，我們認為，極少有2004—2006年的重大錯報是在2010年以后被披露的情況。因此，從這個意義上說，我們以2005—2010年的財務重述公告收集2004—2006年重大錯報公司是有效的。

表 4.1　　　　　　　　　　樣本分佈情況

Panel A：未剔除交叉樣本前重大錯報風險樣本分佈情況				
年度	2004	2005	2006	合計
重大錯報風險樣本	162	169	149	480

Panel B：重大錯報樣本分佈情況				
錯報披露期 ＼ 錯報發生期	2004	2005	2006	合計
2005	109	0	0	109
2006	32	107	0	139
2007	5	14	115	134
2008	3	7	23	33
2009	1	4	6	11
2010	0	1	3	4
重大錯報樣本	150	133	147	430

Panel C：交叉樣本分佈情況				
年度	2004	2005	2006	合計
交叉樣本	38	41	35	114

Panel D：剔除交叉樣本后重大錯報風險樣本與全樣本分佈情況				
年度	2004	2005	2006	合計
重大錯報風險樣本	124	128	114	366
非重大錯報風險樣本	969	1,062	1,066	3,097
全樣本	1,093	1,190	1,180	3,463

4.6 實證結果

4.6.1 描述性統計

表 4.2 為模型 1 相關變量的描述性統計結果。由表 4.2 可知，對於重大錯報風險樣本，Opin 的均值為 0.254，而非重大錯報風險樣本 Opin 的均值只有 0.092。這說明，在不考慮其他影響因素的情況下，相對於非重大錯報風險樣本，事務所對重大錯報風險樣本出具嚴厲審計意見的可能性更高。此外，表 4.2 還顯示，客戶重要性水平（Impor）在重大錯報風險樣本與非重大錯報風險樣本間不存在顯著的差異。

表 4.2　　　　　　　　　相關變量描述性統計結果

變量	重大錯報風險樣本 均值	中值	非重大錯報風險樣本 均值	中值	差異比較 均值檢驗	中值檢驗
Opin	0.254	0.000	0.092	0.000	10.656***	10.505***
Impor	0.050	0.040	0.050	0.040	0.190	0.510
Preopin	0.202	0.000	0.081	0.000	8.450***	8.375***
Lnasset	21.166	21.129	21.264	21.191	−1.993**	−1.556
Leverage	0.706	0.618	0.540	0.520	10.000***	9.739***
Roa	−0.052	0.032	0.033	0.059	−4.523***	−6.981***
Loss	0.252	0.000	0.123	0.000	7.671***	7.615***
Storatio	0.157	0.127	0.162	0.131	−0.212	−0.568
Revratio	0.180	0.141	0.135	0.110	8.105***	7.380***
Sale_growth	0.125	0.092	0.216	0.158	−3.771***	−5.354***
Age	2.922	3.000	2.777	2.828	4.686***	4.732***
|DA|	0.092	0.561	0.077	0.047	2.440***	4.092***
Ownership	0.690	1.000	0.688	1.000	0.075	0.075
Board_size	6.471	6.000	6.281	6.000	2.525***	2.360**
Board_confer	8.013	7.000	7.565	7.000	3.100***	3.145***
Board_indep	0.519	0.500	0.532	0.500	−2.804***	−1.839*

表4.2(續)

變量	重大錯報風險樣本 均值	重大錯報風險樣本 中值	非重大錯報風險樣本 均值	非重大錯報風險樣本 中值	差異比較 均值檢驗	差異比較 中值檢驗
Board_audit	0.521	1.000	0.507	1.000	0.560	0.560
Chair_CEO	2.777	3.000	2.779	3.000	−0.059	−0.244
Foreign	0.065	0.000	0.074	0.000	−0.737	−0.737
Mshare	0.001	0.000	0.010	0.000	−3.533***	−0.165

註：表4.2涉及模型1中的變量，其總體樣本為3463個上市公司觀察值，其中重大錯報風險樣本366個；由於篇幅所限，表4.2中沒有列示年度變量、地區變量和行業變量。

在公司一般特徵上，由表4.2可知，相對於非重大錯報風險樣本，重大錯報風險樣本在前期都更可能被出具非標準審計意見（Preopin），資產負債率（Leverage）較高，資產收益率（Roa）較低，前一年更可能發生虧損（Loss），應收帳款占總資產的比例（Revratio）較高，銷售收入的增長速度（Sale_growth）較慢，上市年限（Age）較長，操縱性應計水平（|DA|）更高。在公司治理特徵上，與非重大錯報風險樣本相比，重大錯報風險樣本的董事會規模（Board_size）均較大，董事會會議次數（Board_confer）較多，董事會中獨立董事的比例（Board_indep）較低。

4.6.2 模型迴歸結果

首先，我們考察在面對重大錯報風險時客戶重要性是否會對事務所的審計質量產生影響，以及產生何種影響。由表4.3中模型1-1的迴歸結果可知，Misstate_risk與Opin顯著正相關（P<0.01）。這說明，事務所能夠識別客戶的重大錯報風險，並運用嚴厲審計意見這一風險管理策略予以應對。同時也印證了財務重述公司具有較高的重大錯報風險。隨後，我們在模型1-1的基礎上引入交乘項Misstate_risk * Impor。由表4.3中模型1-2的迴歸結果可知，Misstate_risk * Impor的係數在1%的水平上顯著小於零。為了進一步驗證該結果的穩健性，我們還考察了前期重大錯報風險（以前期財務重述衡量）對當期審計意見的影響，實證結果也沒有發生顯著的變化。這些結果顯示，隨著客戶重要性水平的提高，事務所對重大錯報風險出具嚴厲審計意見的可能性顯著降低。假設1成立。

表 4.3　客戶重要性、重大錯報風險與審計意見：Probit 迴歸結果

變量	當期重大錯報風險 模型 1-1 系數	Z 值	當期重大錯報風險 模型 1-2 系數	Z 值	前期重大錯報風險 模型 1-1 系數	Z 值	前期重大錯報風險 模型 1-2 系數	Z 值
Intercept	-1.59	-1.57	-1.68	-1.65*	-1.75	-1.74*	-1.78	-1.77*
Misstate_risk	0.32	3.43***	0.77	4.81***	0.05	0.52	0.38	2.08**
Misstate_risk * Impor			-9.53	-3.30***			-6.79	-2.09**
Impor			0.86	1.26			0.45	0.68
Preopin	1.34	13.11***	1.35	13.15***	1.34	13.18***	1.33	13.05***
Lnasset	-0.04	-0.94	-0.04	-0.92	-0.03	-0.73	-0.03	-0.70
Leverage	1.47	9.32***	1.48	9.29***	1.49	9.48***	1.49	9.44***
Roa	-0.42	-6.18***	-0.43	-6.33***	-0.43	-6.33***	-0.42	-6.30***
Loss	0.19	1.86*	0.19	1.91*	0.20	1.99**	0.21	2.05**
Storatio	-1.61	-4.55***	-1.71	-4.74***	-1.59	-4.50***	-1.64	-4.60***
Revratio	1.54	4.89***	1.54	4.86***	1.61	5.13***	1.60	5.09***
Sale_growth	-0.40	-5.02***	-0.41	-5.16***	-0.4	-5.11***	-0.41	-5.18***
Age	0.09	1.16	0.09	1.16	0.10	1.27	0.10	1.29
|DA|	-0.28	-1.01	-0.29	-1.04	-0.28	-1.02	-0.27	-0.98
Ownership	-0.22	-2.75***	-0.22	-2.72***	-0.21	-2.73***	-0.22	-2.72***
Board_size	0.00	0.14	0.01	0.31	0.01	0.21	0.00	0.17
Board_confer	-0.01	-0.57	-0.01	-0.63	-0.01	-0.45	-0.01	-0.50
Board_indep	-0.03	-0.06	0.03	0.06	-0.08	-0.20	-0.08	-0.20
Board_audit	0.00	0.02	0.00	-0.06	0.00	0.03	0.00	0.01
Chair_CEO	-0.05	-0.85	-0.05	-0.89	-0.05	-0.9	-0.05	-0.84
Foreign	0.27	2.07**	0.27	2.01**	0.26	1.97**	0.26	1.96**
Mshare	-0.10	-0.11	-0.04	-0.04	-0.18	-0.18	-0.18	-0.19
N	3463		3463		3463		3463	
Pseudo R²	0.48		0.48		0.47		0.47	

註：*** 表示在 1% 水平上顯著，** 表示在 5% 水平上顯著，* 表示在 10% 水平上顯著；表 4.3 模型 1-1 和 1-2 的因變量均為 Opin；由於篇幅所限，表 4.3 中沒有列示出年度變量、地區變量和行業變量的迴歸結果。

接下來，我們基於事務所風險管理視角檢驗事務所任期對客戶重要性與審計質量關係的影響。在依據事務所任期對總體樣本分類後，各子樣本模型1-2的實證檢驗結果列示於表4.4。由表4.4可以看出，在短任期時，即Tenure≤3或Tenure≤4時，$Misstate\_risk * Impor$的係數在1%的水平上顯著小於零；而在長任期，即Tenure≥5或Tenure≥6時，$Misstate\_risk * Impor$的係數在統計意義上不再顯著。這說明假設2成立，即相對於長任期，短任期時客戶重要性與事務所對重大錯報風險出具嚴厲審計意見的概率更趨向於負相關。

表4.4 客戶重要性、重大錯報風險與審計意見：基於審計任期分類的實證結果

變量	短任期（模型1-2）				長任期（模型1-2）			
	(1)Tenure≤3		(2)Tenure≤4		(3)Tenure≥5		(4)Tenure≥6	
	係數	Z值	係數	Z值	係數	Z值	係數	Z值
Intercept	-1.62	-0.94	-1.94	-1.28	-1.43	-0.94	-0.31	-0.18
Misstate_risk	1.17	4.45***	1.07	4.54***	0.45	2.00**	0.36	1.30
Misstate_risk * Impor	-18.52	-3.93***	-16.79	-3.94***	-2.79	-0.76	0.41	0.08
Impor	1.60	1.34	0.32	0.31	1.20	1.12	0.71	0.33
Preopin	1.46	8.74***	1.43	9.62***	1.38	9.04***	1.37	8.04***
Lnasset	-0.04	-0.52	-0.03	-0.45	-0.06	-0.95	-0.12	-1.67*
Leverage	1.60	6.08***	1.67	6.90***	1.45	6.47***	1.45	5.50***
Roa	-0.31	-2.76***	-0.40	-4.18***	-0.44	-4.23***	-0.42	-3.50***
Loss	0.07	0.40	0.22	1.46	0.13	0.87	0.18	1.13
Storatio	-1.44	-2.35**	-1.10	-2.17**	-2.56	-4.56***	-2.68	-4.09***
Revratio	0.90	1.56	1.20	2.38**	1.93	4.50***	2.04	4.29***
Sale_growth	-0.47	-3.08***	-0.46	-3.71***	-0.33	-3.05***	-0.39	-3.08***
Age	0.24	2.22**	0.15	1.58	-0.03	-0.21	-0.02	-0.14
|DA|	0.46	0.74	0.78	1.43	-0.69	-2.01**	-0.78	-2.13**
Ownership	-0.29	-2.07**	-0.14	-1.14	-0.28	-2.49***	-0.34	-2.71***
Board_size	-0.01	-0.29	0.01	0.21	0.01	0.32	0.00	0.09
Board_confer	-0.01	-0.30	0.00	0.22	-0.02	-1.21	-0.02	-0.98
Board_indep	-0.45	-0.62	-0.25	-0.40	0.42	0.74	0.64	0.99
Board_audit	-0.04	-0.26	-0.04	-0.32	0.03	0.32	-0.01	-0.10

表4.4(續)

變量	短任期（模型1-2）				長任期（模型1-2）			
	(1)Tenure≤3		(2)Tenure≤4		(3)Tenure≥5		(4)Tenure≥6	
	系數	Z值	系數	Z值	系數	Z值	系數	Z值
Chair_CEO	−0.22	−2.35**	−0.22	−2.78***	0.13	1.39	0.18	1.72*
Foreign	−0.08	−0.37	0.19	1.04	0.35	1.64*	0.39	1.66*
Mshare	−0.94	−0.71	0.29	0.28	−80.37	−0.85	−33.07	−0.42
N	1126		1515		1948		1574	
Pseudo R^2	0.53		0.52		0.47		0.48	

註：*** 表示在1%的水平上顯著，** 表示在5%的水平上顯著，* 表示在10%的水平上顯著；表4.4模型1-2的因變量為 $Opin$；由於篇幅所限，表4.4中沒有列示出年度變量、地區變量和行業變量的迴歸結果。

最後，我們基於事務所風險管理視角檢驗事務所規模對客戶重要性與審計質量關係的影響。在依據事務所規模對總體樣本分類後，各子樣本模型1-2的實證檢驗結果列示於表4.5。由表4.5的Panel A可知，對於前10大、15大和20大會計師事務所審計的上市公司樣本，$Misstate\_risk * Impor$ 的迴歸系數均在1%的水平上顯著小於零。由表4.5的Panel B可以看出，對於非10大、非15大和非20大事務所審計的上市公司樣本，雖然 $Misstate\_risk * Impor$ 的迴歸系數仍顯著為負，但顯著性水平有所下降。

表4.5 客戶重要性、重大錯報風險與審計意見：基於事務所規模分類的實證結果

Panel A：大事務所樣本的實證結果（模型1-2）

變量	(1) Size10		(2) Size15		(3) Size20	
	系數	Z值	系數	Z值	系數	Z值
Intercept	−0.91	−0.32	1.18	0.56	1.01	0.57
Misstate_risk	1.33	3.28***	1.01	3.33***	0.96	3.74***
Misstate_risk * Impor	−33.20	−3.18***	−20.36	−3.07***	−20.44	−3.46***
Impor	0.30	0.09	2.31	0.93	3.53	1.75*
Preopin	1.33	4.72***	1.54	7.41***	1.52	8.34***
Lnasset	−0.19	−1.48	−0.25	−2.64***	−0.23	−2.96***
Leverage	3.57	4.97***	3.00	6.07***	2.56	6.58***

表 4.5(續)

變量	(1) Size10 系數	Z 值	(2) Size15 系數	Z 值	(3) Size20 系數	Z 值
Roa	-0.50	-1.80*	-0.37	-2.40**	-0.42	-3.16***
Loss	0.15	0.50	0.06	0.27	-0.05	-0.26
Storatio	-2.64	-2.28**	-2.48	-3.07***	-2.21	-3.45***
Revratio	1.67	1.98**	0.83	1.25	0.99	1.87*
Sale_growth	-1.03	-2.99***	-0.69	-3.38***	-0.55	-3.43***
Age	0.12	0.61	0.09	0.65	0.22	1.78*
|DA|	0.52	0.34	2.18	1.97**	1.02	1.23
Ownership	-0.22	-0.89	-0.14	-0.78	-0.17	-1.16
Board_size	0.06	0.75	0.06	0.97	0.02	0.40
Board_confer	-0.01	-0.38	-0.01	-0.20	0.00	-0.14
Board_indep	1.22	0.95	0.91	0.97	0.61	0.81
Board_audit	-0.04	-0.18	0.05	0.33	0.00	0.02
Chair_CEO	-0.08	-0.49	-0.19	-1.69*	-0.12	-1.35
Foreign	0.34	1.11	0.41	1.77*	0.38	1.92*
Mshare	-0.24	-0.07	-1.59	-0.43	0.64	0.46
N	656		1033		1388	
Pseudo R^2	0.53		0.54		0.50	

Panel B：小事務所樣本的實證結果（模型 1-2）

變量	(4) Non_Size10 系數	Z 值	(5) Non_Size15 系數	Z 值	(6) Non_Size20 系數	Z 值
Intercept	-1.84	-1.61	-2.14	-1.75*	-2.57	-1.95
Misstate_risk	0.66	3.61***	0.75	3.74***	0.73	3.13***
Misstate_risk * Impor	-6.78	-2.23**	-7.97	-2.40**	-6.68	-1.79*
Impor	0.80	1.13	0.64	0.89	0.57	0.77
Preopin	1.39	12.10***	1.34	10.77***	1.33	10.13***
Lnasset	-0.02	-0.37	-0.01	-0.15	0.02	0.39

表4.5(續)

變量	(4) Non_Size10 系數	Z值	(5) Non_Size15 系數	Z值	(6) Non_Size20 系數	Z值
Leverage	1.33	8.21***	1.27	7.69***	1.33	7.50***
Roa	−0.44	−5.96***	−0.46	−5.69***	−0.45	−5.29***
Loss	0.20	1.79*	0.19	1.64*	0.27	2.14**
Storatio	−1.71	−4.33***	−1.69	−3.91***	−1.79	−3.80***
Revratio	1.61	4.60***	1.79	4.77***	1.74	4.23***
Sale_growth	−0.37	−4.49***	−0.34	−3.91***	−0.35	−3.68***
Age	0.05	0.60	0.07	0.74	−0.02	−0.17
|DA|	−0.3	−1.05	−0.32	−1.14	−0.36	−1.23
Ownership	−0.25	−2.88***	−0.26	−2.76**	−0.28	−2.73***
Board_size	0.00	0.12	0.00	−0.16	0.00	0.11
Board_confer	−0.01	−0.79	−0.01	−0.62	−0.01	−0.72
Board_indep	−0.10	−0.23	−0.30	−0.65	−0.27	−0.54
Board_audit	0.01	0.10	−0.02	−0.17	0.00	−0.03
Chair_CEO	−0.05	−0.82	−0.01	−0.14	−0.03	−0.39
Foreign	0.25	1.53	0.25	1.39	0.29	1.47
Mshare	−0.16	−0.15	0.14	0.14	−0.47	−0.34
N	2807		2430		2075	
Pseudo R^2	0.49		0.49		0.50	

Panel C：大事務所樣本與小事務所樣本的系數差異檢驗

變量	(1)－(4) 系數	Z值	(2)－(5) 系數	Z值	(3)－(6) 系數	Z值
Misstate_risk * Impor	−26.42	−2.43**	−12.39	−1.67*	−13.76	−1.97**

註：*** 表示在1%的水平上顯著，** 表示在5%的水平上顯著，* 表示在10%的水平上顯著；表4.5模型1-2的因變量為Opin；由於篇幅所限，表4.5中沒有列示出年度變量、地區變量和行業變量的迴歸結果。

4.7 穩健性檢驗

4.7.1 客戶重要性的度量

我們以來自客戶的審計業務收入為基礎衡量客戶重要性水平,重新對模型 1-2 全樣本、以事務所任期分類的子樣本以及以事務所規模分類的子樣本進行 Probit 迴歸分析。同樣,在以來自客戶的審計業務收入確定客戶重要性水平時,我們也是以未做剔除的樣本作為計算依據。模型 1-2 全樣本和子樣本的迴歸結果列示於表 4.6,與前述結果相比沒有發生顯著變化。這進一步支持了假設 1、2 和 3。

表 4.6 客戶重要性、重大錯報風險與審計意見:以審計業務收入計量客戶重要性

Panel A:全樣本實證結果(模型 1-2)

變量	系數	Z 值
Intercept	-1.59	-1.57
Misstate_risk	0.58	4.03***
Misstate_risk * Impor	-5.41	-2.24**
Impor	0.72	1.12
N	3108	
Pseudo R^2	0.48	

Panel B:基於事務所任期分類的實證結果(模型 1-2)

變量	短任期 Tenure≤3 系數	Z 值	Tenure≤4 系數	Z 值	長任期 Tenure≥5 系數	Z 值	Tenure≥6 系數	Z 值
Intercept	-1.44	-0.85	-1.77	-1.18	-1.41	-0.93	-0.35	-0.2
Misstate_risk	0.81	3.53***	0.7	3.44***	0.43	2.13**	0.39	1.52
Misstate_risk * Impor	-11.09	-2.97***	-9.25	-2.68***	-2.47	-0.78	-0.24	-0.05
Impor	0.95	0.86	0.14	0.15	0.96	0.97	-0.43	-0.22
N	989		1345		1763		1426	
Pseudo R^2	0.52		0.51		0.47		0.48	

4 客戶重要性、事務所特徵與審計質量 | 65

表4.6(續)

Panel C：基於事務所規模分類的實證結果（模型1-2）

變量	大事務所					
	Size10		Size15		Size20	
	系數	Z值	系數	Z值	系數	Z值
Intercept	-1.25	-0.45	1.16	0.56	0.91	0.52
Misstate_risk	0.95	2.73***	0.63	2.25**	0.54	2.27**
*Misstate_risk * Impor*	-22.47	-2.66***	-10.02	-1.76*	-8.91	-1.75*
Impor	-0.42	-0.14	0.53	0.22	1.23	0.64
N	591		935		1250	
Pseudo R^2	0.52		0.53		0.49	

變量	小事務所					
	Non_Size10		Non_Size15		Non_Size20	
	系數	Z值	系數	Z值	系數	Z值
Intercept	-1.77	-1.55	-2.06	-1.69*	-2.48	-1.89*
Misstate_risk	0.47	2.98***	0.58	3.30***	0.61	3.13***
*Misstate_risk * Impor*	-3.14	-1.27	-4.89	-1.72*	-4.75	-1.57
Impor	0.71	1.08	0.66	0.98	0.69	0.99
N	2517		2173		1858	
Pseudo R^2	0.48		0.48		0.49	

註：*** 表示在1%的水平上顯著，** 表示在5%的水平上顯著，* 表示在10%的水平上顯著；表4.6模型1-2的因變量為 *Opin*；對於前15大事務所和非15大事務所，*Misstate_risk * Impor* 的迴歸系數均在10%的水平上顯著小於0，但通過構建Z統計量，我們發現前15大事務所 *Misstate_risk * Impor* 的迴歸系數在10%的水平上顯著小於非15大事務所 *Misstate_risk * Impor* 的迴歸系數；由於篇幅所限，表4.6中僅列示了重要變量的迴歸結果。

4.7.2 審計意見的多項分類

在前述研究中，我們僅對審計意見進行二項分類，而沒有考慮非標準審計意見之間嚴厲程度的差異。在此，我們進一步將審計意見的類型進行有序多項分類（*Opin_order*），以驗證和擴展本書提出的假設。在具體定義上，事務所出具標準無保留審計意見 *Opin_order* 取值為0，帶強調事項段的無保留意見取值

為1，保留意見取值為2，帶強調事項段或解釋性說明的保留意見取值為3，無法表示意見取值為4。在樣本期內，事務所未出具否定意見的審計報告。

在改變嚴厲審計意見的計量方法後，我們重新對模型1-2全樣本、以事務所任期分類的子樣本以及以事務所規模分類的子樣本進行Probit迴歸分析。模型1-2全樣本和子樣本的迴歸結果列示於表4.7，與前述結果相比沒有發生顯著的變化。這進一步支持了假設1、2和3。

表4.7 客戶重要性、重大錯報風險與審計意見：審計意見有序多項分類的實證結果

Panel A：全樣本實證結果（模型1-2）

變量	系數	Z值
$Misstate\_risk$	0.53	3.99***
$Misstate\_risk * Impor$	−5.19	−2.27**
$Impor$	0.75	1.26
N	3463	
Pseudo R^2	0.34	

Panel B：基於事務所任期分類的實證結果（模型1-2）

變量	短任期				長任期			
	Tenure≤3		Tenure≤4		Tenure≥5		Tenure≥6	
	系數	Z值	系數	Z值	系數	Z值	系數	Z值
$Misstate\_risk$	0.67	3.21***	0.63	3.36***	0.42	2.09**	0.3	1.24
$Misstate\_risk * Impor$	−7.97	−2.20**	−7.53	−2.26**	−3.2	−0.97	1.31	0.3
$Impor$	0.89	0.89	0.19	0.21	1.11	1.31	0.14	0.06
N	1126		1515		1948		1574	
Pseudo R^2	0.36		0.35		0.36		0.37	

Panel C：基於事務所規模分類的實證結果（模型1-2）

變量	大事務所					
	Size10		Size15		Size20	
	系數	Z值	系數	Z值	系數	Z值
$Misstate\_risk$	1.28	3.66***	0.86	3.24***	0.71	3.20***
$Misstate\_risk * Impor$	−21.26	−2.44**	−11.74	−2.05**	−10.98	−2.21**
$Impor$	−3.03	−0.84	0.82	0.35	0.73	0.47
N	656		1033		1388	
Pseudo R^2	0.35		0.35		0.34	

表4.7(續)

變量	小事務所					
	Non_Size10		Non_Size15		Non_Size20	
	系數	Z值	系數	Z值	系數	Z值
$Misstate\_risk$	0.39	2.72***	0.48	2.99***	0.45	2.56***
$Misstate\_risk * Impor$	-3.01	-1.29	-4.18	-1.62	-3.01	-1.13
$Impor$	0.75	1.23	0.59	0.95	0.65	0.98
N	2807		2430		2075	
Pseudo R^2	0.35		0.35		0.36	

註：*** 表示在1%的水平上顯著，** 表示在5%的水平上顯著，* 表示在10%的水平上顯著；表4.7模型1-2的因變量為 $Opin\_order$；由於篇幅所限，表4.7中僅列示了重要變量的迴歸結果。

4.7.3 其他的穩健性檢驗

為了控制極端值的影響，我們將模型1-1、1-2中所有連續變量按上下1%分位數進行截取（Winsorize）。即高於上1%分位數的樣本按上1%分位數取值，低於下1%分位數的樣本按下1%分位數取值。極端值的剔除對實證結果沒有產生顯著的影響。

魏志華等（2009）發現，涉及盈余項目的財務重述的負向市場反應非常強烈。而不涉及盈余項目的財務重述雖然也存在負向的市場反應，但並不十分顯著。那麼，從投資者認知的角度上來說，不涉及盈余項目的財務重述所蘊含的差錯更正期重大錯報風險可能並不是很高。於是，我們剔除了28個不涉及盈余項目的財務重述樣本，重新對模型1-2全樣本、以事務所任期分類的子樣本以及以事務所規模分類的子樣本進行Probit迴歸分析，實證結果與前述結果相比沒有發生顯著變化。

對於事務所而言，管理層盈余操縱和內部控制缺陷導致的財務重述與之更相關，而會計準則模糊性引發的財務重述與事務所的關係可能並不密切。我們在剔除不涉及盈余項目的財務重述的基礎上，依據曹強等（2012）的分析方法，收集到75個因會計準則模糊性導致的財務重述樣本，並將其剔除，重新對模型1-2全樣本、以事務所任期分類的子樣本以及以事務所規模分類的子樣本進行Probit迴歸分析。實證結果與前述結果相比沒有發生顯著變化。

為了進一步驗證事務所任期對客戶重要性與審計質量關係的影響，我們以簽字註冊會計師強制輪換政策實施之前的2003年為研究樣本重新進行了檢驗。

之所以選擇2003年，是因為證監會2003年12月1日在《公開發行證券的公司信息披露編報規則第19號——財務信息的更正及相關披露》中才要求上市公司發布前期重大會計差錯更正公告，詳細披露前期差錯的相關信息。在此之後，我們才能夠收集到較為準確的重大錯報風險樣本。該檢驗結果與前述結果相比未發生顯著變化。

為了進一步驗證事務所規模對客戶重要性與審計質量的影響，我們以做大做強政策實施之後的2007—2012年為研究樣本重新進行了檢驗。研究結果與前述結果相比總體上仍然未發生顯著變化。應該指出的是，由於樣本期間的限制，我們無法很好地剔除2007—2012年的重大錯報樣本，這可能會對研究結果產生一定的影響。

此外，我們還對模型1-1、1-2重新進行Logit迴歸分析。Probit和Logit的主要區別在於採用的分佈函數不同，前者假設隨機變量服從正態分佈，而後者假設隨機變量服從邏輯概率分佈。採用Logit方法后迴歸結果也沒有發生顯著的變化。

4.8 本章小結

客戶重要性與審計質量的關係是國際審計學術界和實務界關注的重要議題。本書通過查閱2004—2010年上市公司財務重述公告，識別出2004—2006年重大錯報風險樣本，在此基礎上基於會計師事務所風險管理視角考察事務所特徵對客戶重要性與審計質量關係的影響。我們發現，總體而言，客戶重要性水平越高，事務所越不傾向於對重大錯報風險出具嚴厲審計意見。而在區分事務所特徵后，我們發現，相對於長任期，短任期時客戶重要性與事務所對重大錯報風險出具嚴厲審計意見的概率更趨向於負相關；相對於小事務所，大事務所審計時，這兩者的關係也更趨向於負相關。這些研究結果表明，客戶重要性與審計質量的關係不僅會受到宏觀制度因素的影響，還會隨著事務所特徵（任期與規模）的變化而發生轉變。

本章的研究結論進一步厘清了影響客戶重要性與審計質量關係的事務所特徵因素，為監管機構從事務所層面治理客戶重要性的負面影響提供了政策指引。首先，由於短任期時事務所與客戶之間尚未建立起親密的私人關係，此時重大錯報風險客戶更傾向於利用其經濟重要性給事務所施加壓力，迫使事務所在審計質量上妥協。因此，對於監管機構而言，要有效治理客戶重要性對審計

質量的不利影響，在治理期間上，應重點關注事務所的初始審計階段。其次，相對於激進的嚴厲審計意見策略，大事務所更有能力也更傾向於採用其他較為緩和的風險管理策略應對大客戶的重大錯報風險。然而，如果大事務所不能有效地選擇和綜合運用適用的風險管理策略，那麼勢必會削弱審計意見的適當性。因此，要有效治理客戶重要性對審計質量的不利影響，在治理對象上，不能忽視規模較大的會計師事務所。

同時，本章的研究結論還為簽字註冊會計師強制輪換政策和事務所做大做強政策提供了一些啟示。第一，假設2的研究結果表明，長事務所任期下，事務所與客戶之間的密切的私人關係並沒有因為簽字註冊會計師的強制輪換而消失。其原因可能有兩個方面：首先，事務所與客戶之間密切的私人關係可能更多的源於承接和維護客戶的高級合夥人，而不是負責實施審計的簽字註冊會計師；其次，事務所可能通過過渡審計師等方式規避強制輪換政策，從而使這項制度難以發揮應有的作用。第二，假設3的結果可能說明，在中國法律訴訟環境比較薄弱，事務所的主要風險源於監管風險的特殊執業環境下，大事務所可能運用其官方背景、人脈資源和強力的政治遊說規避監管風險。在監管風險較低，預期損失較小的情況下，大事務所可能更傾向於向大客戶妥協。此外，假設3的結果還可能表明，大事務所在專用性資產方面的投入較多，使其能更好地評估大客戶重大錯報風險的可能性和影響程度，減少事務所的審計風險。因此，要厘清事務所規模對審計質量的影響方向，評價做大做強政策的有效性，還需要更深入地比較不同規模事務所在審計生產上的差異。

本章的研究也存在一定不足。首先，我們主要關注事務所層面的客戶重要性，而沒有更進一步研究分所層面和審計師個體層面客戶重要性的影響；其次，由於數據收集上的問題，我們沒有將非上市公司納入研究範圍，這使得在計算客戶重要性水平時可能存在偏差。這些問題需要通過進一步的研究予以解決。

5 客戶重要性、行業專長與審計質量

5.1 概述

　　本部分我們將選取事務所行業專長這一微觀因素來考察事務所層面對客戶重要性與審計質量關係的影響。我們認為，行業專長能夠使審計師更為謹慎地權衡來自客戶的經濟壓力和風險成本，因而能降低事務所出於對客戶的經濟依賴而在審計質量上妥協的可能性。目前尚未有文獻是基於微觀視角研究審計師行業專長在客戶重要性與審計質量之間發揮的作用的。我們相信，本部分的研究結論不僅可以彌補此方面理論研究的不足，也能為中國會計師事務所未來的戰略發展提供經驗證據。

　　我們的研究是以 2003—2006 年度中國全部 A 股上市公司為樣本。同時，通過查詢 A 股上市公司 2003—2006 年披露的前期重大會計差錯更正公告，從中識別了 532 家財務重述公司，由於該類公司存在較高重大錯報風險，我們將其界定為高風險的樣本。在此基礎上，我們發現，隨著客戶重要性水平的提高，審計師對高風險客戶出具嚴厲審計意見的可能性逐漸降低。我們進一步按審計師的行業專長進行分組。研究發現，與全樣本結果一致，對於非行業專長審計師來說，客戶重要性水平越高，其出具嚴厲審計意見的概率越低；而對於行業專長的審計師來說，客戶重要性與審計師出具嚴厲審計意見的概率並不顯著相關。也就是說，隨著審計師行業專長水平的降低，客戶重要性與審計師出具嚴厲審計意見的概率趨向於負相關。這一結果表明，行業專長是影響客戶重要性與審計質量關係的重要微觀因素，而且隨著審計師行業專長水平的提高，客戶重要性對審計師審計質量的負向影響逐漸減弱。

本章主要有三個方面的貢獻。首先，已有研究大多從宏觀視角解釋客戶重要性與審計質量的關係，但由於宏觀因素的不可控性和惰性，其研究結論和政策建議往往缺乏可操作性。而目前考察影響客戶重要性與審計質量關係之微觀因素的文獻相當有限，尤其是尚未有研究考察審計師層面因素的影響。因此，本章基於微觀視角考察審計師行業專長對客戶重要性與審計質量關係的影響，不僅彌補了此方面理論研究的不足，為這兩者的關係提供了新的理論解釋，同時也為監管機構從事務所自身微觀層面防範和治理客戶重要性的負向影響提供了理論基礎和政策指引。其次，隨著中國新審計準則的頒布以及財政部和中註協出抬的一系列促進中國會計師事務所做大做強的政策和措施，中國的會計師事務所也進入了快速發展時期，發展行業專長無疑將成為完善現代風險導向審計模式以及規模擴張的有效途徑。在此背景下，本書的研究成果將為中國相關審計準則的修訂與完善以及會計師事務所發展壯大提供必要的理論支持。最后，在國內外資本市場上，上市公司財務重述問題日益凸現。如何有效減少上市公司的財務重述行為已經成為監管機構亟須解決的問題。而本章重點關注審計師尤其是具備行業專長的審計師如何解讀大客戶財務重述行為所蘊含的審計風險，是否以及如何通過審計質量行為向其他市場主體傳遞有價值的信號，這對於監管機構加強上市公司財務重述的審計治理，降低其對資本市場效率的負面影響具有重要的政策含義。

5.2 文獻回顧與研究假設

5.2.1 文獻回顧

長期以來，客戶重要性對審計質量的影響，也就是經濟依賴性一直都是國內外監管者、實務界以及學術界普遍關注的一個重要議題。由於審計的經濟理論（Watts and Zimmerman, 1986; DeAngelo, 1981）認為審計師喪失獨立性的動機與客戶重要性有關，即與審計師從特定客戶處獲得的準租占審計師能夠獲得準租總額的比例有關。因此，學術界試圖考察客戶重要性是否對審計質量存在負面影響。然而，對於客戶來說，其選擇審計師是希望通過最小的成本來滿足最高的需求（Johnson and Lys 1990），而對於審計師來說，其選擇客戶的戰略則是減少審計風險（Shu 2000; Johnstone and Bedard 2004）；這使得客戶重要性與審計質量之間的關係更為重複。

之前許多學者試圖直接研究客戶重要性與審計質量的關係，但其結論卻並

不統一，主要結論主要有三種。首先，客戶重要性會損害審計質量。Ferguson 等（2004）試圖考察客戶重要性程度與客戶操縱性應計利潤以及發生財務重述的可能性之間的關係。結果發現，客戶重要性水平越高，則其操縱性應計利潤的絕對值和發生財務重述的可能性越大。Khurana and Raman（2006）從投資者視角考察客戶重要性與審計質量關係。結果發現，審計師對客戶經濟依賴程度越大，投資所認知的審計質量越差。呂偉和於旭輝（2009）認為，在中國審計市場競爭激烈的背景下，事務所更容易形成對客戶的經濟依賴性，並發現這種經濟依賴性對審計質量的影響在非「四大」事務所中尤為突出。武恒光和張龍平（2012）以中國上市銀行為研究對象，發現審計師在為上市商業銀行提供服務過程中，過高的經濟依賴，促使起接受了客戶的盈余管理偏好，審計質量收到損害。這些研究都表明，客戶重要性與審計質量存在一種負相關關係。其次，客戶重要性有利於審計質量。Reynolds 和 Francis（2001）的研究結果表明對不同的地區而言事務所對聲譽的動機超過其對客戶的經濟依賴性，客戶重要性與審計質量正相關。Gaver and Paterson（2007）的研究主要考察了保險行業的上市公司，以財務狀況不佳的公司低估準備金的可能性衡量審計質量。結果發現，隨著客戶重要性水平的提高，財務狀況不好的公司低估準備金的可能性逐漸降低。劉學華和楊舒先（2009）研究發現，隨著客戶重要性的增加，審計師會更加謹慎，進而會更加傾向於出具非標審計意見。這些研究表明，審計師在審計大客戶時會更為穩健，審計質量不僅沒有降低，反而顯著提高了。最后，客戶重要性與審計質量之間不存在相關關係。Craswell 等（2002）與 Chung and Kallapur（2003）分別以審計師出具非標準審計意見的可能性和操縱性應計利潤的絕對值計量審計質量，但未能發現客戶重要性與審計質量存在任何顯著的相關關係。而王躍堂與趙子夜（2003）、曹強與葛曉艦（2009）基於中國不同地區和不同期間的樣本進行了研究，同樣未發現客戶重要性與審計質量存在任何顯著的相關關係。

　　我們認為，現有的相關研究並未得到一致的結論主要原因在於客戶與審計師之間並不存在簡單的經濟依賴性。審計師在出具審計意見時既要考慮到客戶對自身利益的影響，避免因對客戶出具不利意見而導致重要客戶的流失，又要權衡風險，維護聲譽，避免因對客戶出具不恰當審計意見而遭受處罰甚至訴訟。因此，對於不同風險的客戶，審計師的的決策會因為各種因素可能有所差異。這些因素即包括外在宏觀環境因素，如制度環境；也包括內在微觀環境因素，如客戶的公司治理水平、客戶風險，等等。

　　對於宏觀環境因素，多數學者以制度環境變化為分界點進行了較為深入的

研究。Li（2009）和 Zhou and Zhu（2012）分別考察了 SOX 法案實施前後以及亞洲金融危機前後客戶重要性與審計質量之間關係的變化。Chen, Sun and Wu（2010）以及顧鳴潤和余怒濤（2011）分別基於銀廣夏事件以及上市公司法律環境變遷為時間節點研究了中國制度環境變化對兩者關係的影響。而這些研究都顯示，宏觀制度環境改善後，客戶重要性對審計師的負面影響在減弱。

相對於宏觀環境因素，目前在國內外重要的學術期刊上考察影響客戶重要性與審計質量關係的微觀環境因素的研究比較有限，主要集中在考察在不同公司治理環境下兩者關係是否存在差異。Ahmed, Ahmed and Duellman（2013）以及李明輝和劉笑霞（2013）分別研究了國內外公司治理的微觀環境，並發現，良好的公司能夠緩解客戶重要性對審計獨立性的不利影響。

我們認為，對客戶重要性與審計質量關係的研究需要考察更多微觀環境因素，不能僅僅局限於客戶層面的研究。鑒於此，本章試圖在會計師事務所層面考察審計師行業專長對兩者關係可能存在的影響。以彌補此方面理論研究的缺失。

5.2.2　研究假設

5.2.2.1　客戶重要性與審計質量：風險抑或依賴

之前的直接考察客戶重要性與審計質量關係的研究往往得不到一致的結論，其主要原因在於，客戶重要性本身對審計質量存在正反兩方面力量的影響。一方面，與小客戶相比，審計師對大客戶更具經濟依賴。由於嚴厲審計意見所引發的嚴重經濟后果（Krishnan and Krishnan, 1997；Shields, Solomon and Whittington, 1996），當大客戶有能力通過終止合約關係來向擬出具嚴厲審計意見的審計師施壓時，出於經濟上的依賴，審計師將傾向於保留該類客戶，在出具嚴厲審計意見上向其妥協（DeAngelo, 1981）。由此，相對於小客戶，審計師可能更不傾向於出具嚴厲審計意見。而且，夏冬林與林震昃（2003）通過分析中國審計市場的審計費用水平，以及判斷市場競爭程度的市場集中度、行業平均勞動生產率和平均利潤率，發現中國審計市場上存在激烈的競爭。這使得在中國審計師在進行審計報告決策時更易受到大客戶經濟壓力的影響。由此，我們可以推論出，客戶重要性水平越高，經濟依賴程度越高，審計師越不傾向於對審計風險較高的客戶出具嚴厲審計意見，客戶重要性對審計質量具有負向影響。

另一方面，與小客戶相比，大客戶會給審計師帶來更多風險成本。當針對大客戶的審計失敗會嚴重損害審計師的聲譽，從而對其在審計市場上承接和保留客戶產生不利的影響時，審計師有動機保護其聲譽（Reynolds and Francis,

2001)。此外，大客戶的審計失敗更容易導致訴訟和行政處罰（Stice, 1991; Lys and Watts, 1994; Chen, Sun and Wu, 2010）。由此，相對於小客戶，審計師對大客戶可能更加謹慎（Krishnan and Krishnan, 1997），從而可能更傾向於通過出具嚴厲審計意見管理大客戶。由此，我們可以推論出，隨著客戶重要性水平的提高，風險成本隨之加大，審計師在對高風險客戶做出審計報告決策時將更為謹慎，從而越傾向於對其出具嚴厲審計意見，客戶重要性對審計質量具有正向影響。由於我們並不明確，對於高風險客戶，審計師如何在經濟依賴和風險成本之間進行權衡，由此，我們以零假設的形式提出假設1。

假設1：客戶重要性與審計師對高風險客戶出具嚴厲審計意見的可能性不相關。

5.2.2.2 客戶重要性、審計師行業專長與審計質量

由於存在上述正負兩方面影響，在不同情況下客戶重要性對審計質量的影響可能存在差異，而審計師行業專長則是影響這兩種力量對比的一個重要的微觀因素。首先，具有行業專長的審計師更擅長識別客戶風險。行業專長審計師能夠運用其專門的行業審計技能，更深入地瞭解客戶所在行業生產經營環境、生產工序、交易流程、經濟技術指標、行業慣例、內控系統以及行業慣用的會計政策等行業專業知識，而較多的行業審計經驗則可以使審計師更加瞭解特定行業的審計風險（Wright and Wright, 1997）以及與會計法規或政策相關的錯報風險等，從而能更好地鑑別和評估客戶財務報告存在的風險（Shields, Solomon and Whittington, 1996）。而且行業專長的這一優勢將會貫穿於現代風險導向審計模式下的整個審計工作。Low（2004）認為行業專長所累積的與客戶行業特徵相關的專業知識更容易使審計師通過聯繫特定行業特徵識別審計風險，尤其當制定審計計劃決策時，能夠較好地識別需要更多審計關注和審計資源的領域，進而更好的衡量客戶與行業正常水平之間存在的差異。余玉苗（2004）認為，行業專長有助於審計師在審計過程中合理把握不同行業的審計風險點，增強審計師的專業判斷能力和搜集審計證據的能力。

其次，行業聲譽使行業專長審計師承擔了更多的風險成本。行業專長是事務所在特定行業中持續地進行專門審計技術、人力資源、物質資源和組織控制等方面的專用性投資而建立的良好品牌與聲譽，而且這一品牌與聲譽還需要投入大量資源來發展和維護。因此，對於具有行業聲譽的事務所來說，一旦低質量的審計被發現，那麼與不存在前期資源投入的非行業專長事務所相比，顯然將承擔的更多的投資損失（胡南薇，2009）。而且，由於審計失敗勢必影響其行業專長聲譽，從而相對於非行業專長事務所，行業專長事務所還將承擔更大

的喪失客戶準租金的風險。因此，為了維護自身的聲譽，降低風險成本，行業專長事務所將更有動機去發現和揭示管理層錯誤的或激進的會計政策（Deangelo，1981）。

綜上所述，與非行業專長的審計師相比，具有行業專長的審計師一方面更具有識別客戶風險的專業勝任能力，另一方面為了維護聲譽和品牌，審計師需要承擔更多的來自投資損失和喪失客戶準租金的風險成本。因此，我們認為，隨著審計師行業專長水平的提高，審計師將更為重視來自於重要客戶的風險成本，從而使客戶重要性對審計質量的正向影響逐漸增強，負向影響逐漸減弱。由此，我們提出本書的假設2。

假設2：隨著行業專長水平的下降，客戶重要性與審計師對高風險公司出具嚴厲審計意見的概率趨向於負相關。

假設2a：當審計師不具備行業專長時，客戶重要性對審計質量的負向影響較強。

假設2b：當審計師具備行業專長時，客戶重要性對審計質量的負向影響較弱。

5.3 研究設計

借鑑已有研究文獻的做法（DeFond，Wong and Li，1999；Chen，Chen and Su，2001），為了檢驗審計師行業專長對客戶重要性與審計質量關係的影響，我們構建了如下審計意見模型：

$$Opin = \beta_0 + \beta_1 High\_risk + \beta_2 High\_risk * Impor + \beta_3 Impor + \beta_4 Preopin + \beta_5 Position + \beta_6 Lnasset + \beta_7 Roa + \beta_8 Loss + \beta_9 Leverage + \beta_{10} Curratio + \beta_{11} Revgrowth + \beta_{12} Turnover + \beta_{13} Beta + \beta_{14} Yield + \beta_{15} Revratio + \beta_{16} Storatio + \beta_{17} Age + \beta_{18} |DA| + \beta_{19} Big4 + \beta_{20} Gnbig5 + \beta_{21} Year2003 + \beta_{22} Year2004 + \beta_{23} Year2005 + \beta_{23} + i \sum_{i=1}^{4} Regioni + \beta_{27} + j \sum_{j=1}^{11} Industryj + \varepsilon \qquad (1)$$

模型1相關變量的解釋如下：

5.3.1 因變量

Opin 為模型1中的因變量，表示審計意見的嚴厲程度。其為啞變量，如果審計師出具非標準審計意見，則 *Opin* 取值為1，否則為0。

5.3.2 檢驗變量

在模型 1 中,檢驗變量為 $High\_risk * Impor$,用於驗證假設 1 和假設 2。其中,$High\_risk$ 為啞變量,如果公司當期存在較高審計風險,則 $High\_risk$ 取值為 1,否則為 0;$Impor$ 表示客戶重要性水平。我們借鑑已有研究的做法(Chen, Sun and Wu, 2010;喻小明、聶新軍與劉華,2008),以特定上市公司客戶資產自然對數與事務所所有上市公司資產自然對數之和的比值計量客戶重要性水平。在以客戶總資產確定客戶重要性水平時,我們以未做剔除的樣本作為計算依據。假設 1 試圖檢驗客戶重要性與審計質量之間的關係。如果假設 1 成立,我們期望客戶重要性與審計師對高風險客戶出具嚴厲審計意見的可能性不相關,即 $High\_risk * Impor$ 的系數不顯著。假設 2 試圖檢驗審計師行業專長對客戶重要性與審計質量之間關係的影響。借鑑 Zeff and Fossum (1976) 的市場份額法①以基於客戶資產的事務所行業份額指標衡量其行業專長水平(Spe)。由於中國事務所行業專長水平均值在 4% 左右②,因此,我們將 Spe 大於 5% 的定義為行業專長審計師組,將小於 5% 的定義為非行業專長審計師組。如果假設 2 成立,我們期望,相對於行業專長審計師組,非行業專長審計師組 $High\_risk * Impor$ 的系數更趨向於負。

5.3.3 控制變量

模型 1 中還包含一系列的控制變量。首先,我們控制公司的一般特徵。其中,$Preopin$ 為上期審計意見,上期審計師出具非標準審計意見時,取值為 1,否則為 0。$Position$ 為公司上市地點啞變量,如果公司的上市地點在上海,則取值為 1,否則為 0。$Lnasset$ 為公司總資產的自然對數,用於控制公司規模的影響。Roa 是公司總資產報酬率;$Loss$ 為啞變量,如果公司在最近兩個會計年度的任意一年出現虧損,則取值為 1,否則為 0;$Leverage$ 為公司的資產負債率;$Curratio$ 為公司流動比率;$Revgrowth$ 是公司主營業務收入增長率;$Turnover$ 為公司的總資產週轉率;它們均用於控制公司經營風險對審計意見的影響。$Beta$ 表示公司審計年度前一年的 $Beta$ 係數,依據 Dopuch 等(1987)的研究,市場因素與財務因素一樣,也影響審計師的審計意見,這裡用 $Beta$ 係數來控制市場風險。$Yield$ 為經市場調整的股票年度收益率,進一步控制公司盈利狀況對

---

① 該方法已經廣泛應用於中國行業專門化的經驗研究中(蔡春與鮮文鐸,2007;胡南薇等,2008;曹強等,2008)。

② 參見表 5.2 的描述性統計結果。

審計意見的影響。Revratio 為應收帳款與總資產的比值；Storatio 為存貨與總資產的比值；它們用於控制公司經營業務重複程度對審計意見的影響。Age 為公司的上市年限，用於控制公司上市年限對審計意見的影響。此外，我們採用分年度分行業橫截面 Jones 模型估計公司可操縱性應計的絕對值（|DA|），並把它引入模型中以控制盈余管理水平對審計意見的影響。其次，模型中還引入 Big_4 和 $Gnbig_5$，以控制事務所規模的影響；其中，如果事務所為國際「四大」所，則 Big_4 取值為 1，否則為 0；如果事務所為國內「五大」所①，則 $Gnbig_5$ 取值為 1，否則為零。最后，模型中包含 3 個年度啞變量、4 個地區啞變量和 11 個行業啞變量，以控制期間、地區和行業的影響。由於樣本涉及四個會計年度，因此在模型 1 中包含 3 個年度啞變量 $Year_{2003}$、$Year_{2004}$ 和 $Year_{2005}$。對於地區變量，我們參照 Taylor and Simon（1999）的做法，以經濟發展水平將中國劃分為 5 個地區，引入 4 個地區啞變量。對於行業變量，根據中國證監會 2001 年頒布的《上市公司行業分類指引》，樣本觀察值分佈於 12 個一級行業分類，由此我們設定了 11 個行業啞變量。

5.4 研究樣本

對於模型 1，我們以 CSMAR 中國上市公司財務報表數據庫中列示的 2003—2006 年全部 A 股上市公司為初始樣本。在初始樣本的基礎上，我們剔除金融類以及模型 1 中公司特徵和事務所特徵等數據缺失的上市公司觀察值，獲得 4525 個上市公司總體樣本。接下來，我們通過查詢 A 股上市公司 2003—2006 年披露的前期重大會計差錯（財務重述）更正公告，在總體樣本中識別了 2003—2006 年 532 家財務重述公司。模型 1 樣本的分佈情況列示於表 5.1。由表 5.1 可知，從整體上看，樣本期內財務重述公司占全部上市公司的比例為 11.76%，即平均而言，每 10 家上市公司至少有 1 家進行了財務重述。由於該類公司財務報表披露了重大會計差錯，從而使其當期也具有較高的重大錯報風險②。所以，依據審

---

① 依據註冊會計師協會公布的事務所收入排名確定，取 2003 年至 2006 年收入均排在前 10 位的 5 家最大的中國會計師事務所。

② 公司前期財務報表中存在重大會計差錯可能是管理層有意為之，也有可能是管理層無意為之。如果是管理層有意為之，那麼表明公司品質可能存在問題。如果是管理層無意為之，那麼更多地是表明公司內部管理能力存在缺陷。而無論是公司品質問題還是內部管理能力缺陷都不是能夠在短期內改善的，因此這些問題可能會延續到差錯更正期，而使該類公司在差錯更正期存在較高的重大錯報風險。

計風險模型,在檢查風險一定的情況下,其審計風險處於較高的水平。由此,我們將 2003—2006 年 532 家財務重述公司視為存在重大錯報風險的樣本,並將其界定為高風險的樣本組。

另外,之所以將樣本期間選擇在 2003—2006 年,主要是為了更為充分而有效地獲取高風險的研究樣本。2004 年 1 月 6 日,證監會發布了《關於進一步提高上市公司財務信息披露質量的通知》,其中強調存在重大會計差錯的公司應當以重大事項臨時公告的方式及時披露更正后的財務信息。因此,自 2003 年起,我們可以收集到更為充分的財務重述信息。同時,中國上市公司於 2007 年開始實施新會計準則,在此之後的 3 年時間裡,很多上市公司發生的財務重述是源於準則的變化,而並不是公司自身導致的。因此,在 2006 年之前,我們可以收集到更為有效的財務重述樣本作為高風險樣本。

表 5.1　　　　　　　　　　研究樣本

年份	2003	2004	2005	2006	合計
財務重述(高風險)樣本	131	137	150	114	532
總樣本	1140	1129	1166	1090	4525
占總樣本比例(%)	11.49	12.13	12.86	10.46	11.76

5.5　實證結果

5.5.1　描述性統計

表 5.2 為模型 1 相關變量的描述性統計結果。由表 5.2 可知,對於高風險樣本組,$Opin$ 的均值為 0.229,顯著高於低風險樣本組的 $Opin$ 均值;而高風險樣本組中 Spe 的均值也顯著低於低風險樣本組。這說明,在不考慮其他影響因素的情況下,相對於低風險樣本組,審計師對高風險樣本組出具嚴厲審計意見的可能性顯著較高。而且行業專長水平較高的審計師的客戶審計風險較低。而且表 5.2 顯示,全樣本中的 Spe 均值為 3.9%,這說明中國事務所的行業專長水平平均在 4% 左右。此外,表 5.2 還顯示,客戶重要性水平($Impor$)在高風險樣本組及低風險樣本組間不存在顯著的差異。

由表 5.2 可知,相對於低風險樣本,高風險樣本在前期更可能被出具非標準審計意見($Preopin$),總資產規模($Lnasset$)較小,資產收益率(Roa)較

高,前一年更可能發生虧損(Loss),資產負債率(Leverage)較高,流動比率(Currattio)較低,主營業務收入增長率(Revgrowth)較低,總資產週轉率(Turnover)較低,市場風險(Beta)較高,股票年度收益率(Yield)較低,經營業務重複程度(Revratio)較高,上市年限(Age)較長,操縱性應計水平(|DA|)更高,更少由四大事務所(Big4)來審計。另外從表5.2還可以看出,高風險樣本與低風險樣本在存貨與總資產的比值(Stockratio)和審計師是否為國內「五大」所(Gnbig5)兩方面並沒有存在明顯的差異,而在總資產週轉率(Turnover)和公司市場風險(Beta)上僅存在微弱的差異。

表5.2　　　　　　　　　　模型相關變量描述性統計

變量	全樣本 均值	全樣本 中位數	High_risk=1 均值	High_risk=1 中位數	High_risk=0 均值	High_risk=0 中位數	均值檢驗 T值	中位數檢驗 Z值
Auditop	0.101	0.000	0.229	0.000	0.084	0.000	−7.723***	−10.400***
Impor	0.053	0.041	0.053	0.041	0.053	0.041	0.018	−0.922
Spe	0.039	0.032	0.036	0.031	0.039	0.032	2.333**	1.788*
Preopin	0.099	0.000	0.197	0.000	0.086	0.000	−6.265***	−8.112***
Position	0.585	1.000	0.509	1.000	0.595	1.000	3.695***	3.743***
Lnasset	21.235	21.163	21.110	21.071	21.252	21.173	3.147***	2.534**
Roa	0.008	0.022	0.022	0.009	0.012	0.024	5.545***	10.945***
Loss	0.237	0.000	0.398	0.000	0.216	0.000	−8.230***	−9.315***
Leverage	0.574	0.522	0.732	0.605	0.553	0.513	−4.871***	−9.276***
Currattio	1.521	1.170	1.211	1.025	1.563	1.180	6.001***	6.841***
Revgrowth	0.425	0.156	0.161	0.103	0.460	0.163	2.488***	5.149***
Turnover	0.692	0.549	0.647	0.495	0.698	0.557	1.621*	4.288***
Beta	−3.422	1.030	0.981	1.031	−4.009	1.029	−1.409*	0.534
Yield	2.032	−5.922	−5.502	−13.064	3.036	−5.070	3.590***	4.825***
Revratio	0.113	0.083	0.163	0.098	0.106	0.081	−3.191***	−4.277***
Stockratio	0.167	0.135	0.167	0.130	0.167	0.135	−0.017	0.639
Age	7.951	8.000	8.449	8.500	7.884	8.000	−4.048***	−3.773***
|DA|	0.077	0.046	0.088	0.053	0.075	0.045	−2.499**	−3.963***
Big4	0.070	0.000	0.013	0.000	0.077	0.000	9.871***	5.460***
Gnbig5	0.110	0.000	0.098	0.000	0.111	0.000	0.992	0.949

註:表5.2為涉及模型1中的變量,總體樣本為4525個上市公司觀察值,其中財務重述公司即高風險樣本為532個。

5.5.2　模型迴歸結果

首先，我們基於全樣本考察客戶重要性與審計質量之間的關係，其 Probit 迴歸檢驗結果列示於表 5.3。由表 5.3 中模型 1-1 的迴歸結果可知，在控制公司特徵和事務所特徵後，$High\_risk$ 與 $Opin$ 顯著正相關。這說明，審計師能夠識別財務重述所蘊含的重述當期重大錯報風險，並通過出具嚴厲審計意見予以應對。而且，這一結果同時說明我們以財務重述公司作為高風險樣本的衡量指標具有一定的合理性。

隨後，我們在模型 1 中引入交乘項 $High\_risk * Impor$。由表 5.3 模型 1-2 的迴歸結果可知，在控制了公司特徵和事務所特徵的影響後，$High\_risk * Impor$ 與 $Opin$ 顯著負相關。這說明，在客戶重要性的影響下，審計師的審計報告決策發生了顯著的改變。由於隨著客戶重要性水平的提高，審計師越不傾向於對高風險公司出具嚴厲審計意見，因此，客戶重要性對審計質量的負向影響居於主導地位，從而假設 1 不成立。

接下來，我們將全樣本分為行業專長組和非行業專長組重新對模型 1 進行檢驗，以考察審計師行業專長對客戶重要性與審計質量關係的影響，其 Probit 實證檢驗結果列示於表 5.4。由表 5.4 可以看出，對於非行業專長組來說，在控制了公司特徵和事務所特徵後，$High\_risk * Impor$ 的系數顯著小於零。這一結果顯示，當審計師不具備行業專長時，隨著客戶重要性水平的提高，審計師對高風險客戶出具嚴厲審計意見的可能性顯著降低。與全樣本結果一致，此時客戶重要性對審計質量的負向影響較強，從而假設 2a 成立。而表 5.4 中行業專長組的迴歸結果顯示，儘管 $High\_risk * Impor$ 的系數為負值，但在統計意義上不顯著。這說明，當審計師具備行業專長時，隨著客戶重要性水平的提高，審計師出具嚴厲審計意見的概率沒有發生明顯的變化，此時客戶重要性對審計質量的負向影響較弱，從而假設 2b 成立。因此綜合表 5.4 的結果，本書提出的假設 2 成立，即隨著行業專長水平的下降，客戶重要性與審計師對高風險客戶出具嚴厲審計意見的概率越趨向於負相關。在控制變量方面，全樣本與分組樣本的檢驗結果基本一致。由表 5.3 和表 5.4 可知，前期審計意見（$Preopin$）對本期審計意見存在顯著的正向影響。另外，總資產報酬率（Roa）與股票年度收益率（$Yield$）的迴歸系數顯著為負，公司虧損（$Loss$）與資產負債率（$Leverage$）顯著為正，說明公司財務狀況越差越容易被審計師出具嚴厲審計意見。這與已有文獻的結論（魯桂華，余為政，張晶；2007）基本一致。與預期不同的是，存貨占總資產比值（$Storatio$）的迴歸系數顯著為負。可能是因

為 Storatio 不僅可以衡量公司業務的重複程度，也可以衡量公司資產的流動性。Storatio 越高說明公司資產的流動性越好，財務風險越低，所以被出具嚴厲審計意見的可能性也越低。模型 1 中的其他控制變量均不具有統計顯著性。

表 5.3　　　　　　客戶重要性與審計質量關係的實證結果

變量	模型 1-1 係數	模型 1-1 Z 值	模型 1-2 係數	模型 1-2 Z 值
Intercept	-2.778	-2.81***	-2.749	-2.77***
High_risk	0.286	3.00**	0.623	3.75***
High_risk * Impor			-6.636	-2.35**
Impor			0.646	1.12
Preopin	1.432	14.88***	1.434	14.83***
Position	0.017	0.22	0.012	0.16
Lnasset	0.14	0.32	0.010	0.23
Roa	-5.792	-9.90***	-5.839	-9.94***
Loss	0.084	3.76***	0.345	3.59***
Leverage	1.217	6.42***	1.109	6.43***
Currattio	0.021	1.18	0.056	1.23
Revgrowth	-0.153	-1.76*	-0.142	-1.73*
Turnover	-0.373	-2.22**	-0.231	-2.21**
Beta	0.291	1.03	0.179	1.19
Yield	-0.001	-2.53**	-0.003	-2.57***
Revratio	1.247	1.40	0.545	1.35
Stockratio	-2.285	-4.32***	-1.550	-4.45***
Age	0.026	0.95	0.014	0.99
|DA|	-3.580	-1.03	-0.987	-1.25
Big4	0.144	0.94	0.173	0.94
Gnbig5	0.274	0.66	0.087	0.69
N	4524		4524	
Pseudo R^2	0.536		0.538	

註：*** 表示在 1% 的水平上顯著，** 表示在 5% 的水平上顯著，* 表示在 10% 的水平上顯著；表 5.3 模型 1-1 和 1-2 的因變量均為 Opin；由於篇幅所限，表 5.3 中沒有列示出年度變量、地區變量和行業變量的迴歸結果。

表 5.4　客戶重要性、審計師行業專長與審計質量關係的實證結果

變量	非行業專長組 系數	Z 值	行業專長組 系數	Z 值
Intercept	−3.570	−2.83***	−0.320	−0.17
High_risk	0.536	2.68***	0.974	2.10**
*High_risk * Impor*	−5.996	−2.02**	−9.414	−0.77
Impor	0.495	0.85	8.913	1.76*
Preopin	1.394	11.82***	1.624	8.60***
Position	−0.064	−0.68	0.224	1.38
Lnasset	0.047	0.80	−0.123	−1.45
Roa	−5.166	−8.11***	−9.662	−6.18***
Loss	0.434	3.74***	0.084	0.43
Leverage	1.242	5.57***	1.217	3.73***
Currattio	0.077	1.47	0.021	0.21
Revgrowth	−0.158	−1.65*	−0.153	−0.90
Turnover	−0.191	−1.44	−0.373	−1.88*
Beta	0.168	0.94	0.291	0.96
Yield	−0.004	−2.57***	−0.001	−0.25
Revratio	0.268	0.55	1.247	1.54
Stockratio	−1.387	−3.37***	−2.285	−3.21***
Age	0.003	0.19	0.026	0.96
|*Da*|	−0.692	−1.13	−3.580	−1.47
Big4	0.315	1.20	0.144	0.49
Gnbig5	0.034	0.18	0.274	1.31
N	2895		1629	
Pseudo R²	0.550		0.542	

註：*** 表示在1%的水平上顯著，** 表示在5%的水平上顯著，* 表示在10%的水平上顯著；表5.4 模型1的因變量均為 *Opin*；由於篇幅所限，表5.4中沒有列示出年度變量、地區變量和行業變量的迴歸結果。

5.6 穩健性檢驗

5.6.1 客戶重要性的度量

我們以來自客戶的全部業務收入為基礎衡量客戶重要性水平，重新對模型 1-2 的全樣本和分組樣本進行 Probit 迴歸分析。同樣，在以來自客戶的全部業務收入確定客戶重要性水平時，我們也以未做剔除的樣本作為計算依據。模型 1-2 全樣本和分組樣本的迴歸結果列示於表 5.5，與前述結果相比沒有發生顯著的變化。全樣本和非行業專長組中 High_risk * Impor 的系數仍然顯著小於零。而行業專長組中 High_risk * Impor 的系數在統計意義上仍然不顯著。

表 5.5 客戶重要性、審計師行業專長與審計質量：以全部業務收入計量客戶重要性

變量	全樣本模型 1-2 系數	Z 值	非行業專長組 系數	Z 值	行業專長組 系數	Z 值
Intercept	-2.759	-2.78***	-3.592	-2.85***	-0.329	-0.17
High_risk	0.607	3.66***	0.517	2.59***	0.964	2.09**
High_risk * Impor	-6.377	-2.25**	-5.757	-1.97**	-9.152	-0.76
Impor	0.448	0.84	0.310	0.57	8.493	1.69*
N	4524		2895		1629	
Pseudo R^2	0.538		0.549		0.542	

註：*** 表示在 1% 的水平上顯著，** 表示在 5% 的水平上顯著，* 表示在 10% 的水平上顯著；表 5.5 中模型 1 的因變量為 Opin；由於篇幅所限，表 5.5 中僅列示了重要變量的迴歸結果。

5.6.2 審計師行業專長的度量

我們分別以基於客戶銷售收入的事務所行業份額、基於客戶數量的事務所行業份額[1]衡量審計師行業專長[2]，並以基於客戶資產的事務所行業份額大於

---

[1] 之所以用兩個指標來測度行業專長水平，原因在於審計師行業專長的優勢既可能來自於審計少量的大客戶，又可能來自於審計大量的小客戶。

[2] 以基於客戶銷售收入和基於客戶數量的事務所行業份額衡量審計師行業專長時，我們同樣將 Spe 大於 5% 的定義為行業專長審計師組，將小於 5% 的定義為非行業專長審計師組。

10%作為劃分行業專長的閾值①，重新對模型 1 的分組樣本進行 Probit 迴歸分析。分組樣本的迴歸結果列示於表 5.6，與前述結果相比沒有發生顯著的變化。非行業專長組中 *High_risk * Impor* 的係數仍然顯著小於零。而行業專長組中 *High_risk * Impor* 的係數在統計意義上仍然不顯著。

表 5.6 客戶重要性、審計師行業專長與審計質量：對行業專長的重新度量

Panel A：基於銷售收入份額的行業專長

變量	非行業專長組 係數	非行業專長組 Z 值	行業專長組 係數	行業專長組 Z 值
Intercept	−3.289	−2.65***	−0.093	−0.05
High_risk	0.582	2.99***	1.067	2.27**
*High_risk * Impor*	−6.101	−2.08**	−15.744	−1.27
Impor	0.488	0.83	13.433	2.97***
N	2942		1582	
Pseudo R^2	0.544		0.548	

Panel B：基於客戶數量份額的行業專長

變量	非行業專長組 係數	非行業專長組 Z 值	行業專長組 係數	行業專長組 z 值
Intercept	−3.954	−3.18***	−1.208	−0.66
High_risk	0.578	2.78***	0.854	1.85*
*High_risk * Impor*	−5.986	−1.99**	−11.297	−0.88
Impor	0.466	0.79	−1.374	−0.21
N	2815		1709	
Pseudo R^2	0.526		0.584	

---

① 國外相關研究通常將劃分行業專長的閾值設為 10%～20%（Krishnan，2003；Casterella et al. 2004），主要是基於美國審計市場中事務所行業市場份額均值在 19% 左右（Balsam, Krishnan and Yang，2003）。不過，為了使本書的研究結論更加穩健，我們這裡參考國外相關研究中的下限——10% 作為劃分行業專長的閾值進行敏感性檢驗。

表 5.6（續）

Panel C：基於閾值為 10% 的行業專長分組

變量	非行業專長組		行業專長組	
	系數	Z 值	系數	z 值
Intercept	−3.017	−2.65***	−2.291	−0.89
High_risk	0.675	3.64***	1.189	1.73*
*High_risk * Impor*	−6.880	−2.36**	−30.117	−1.33
Impor	0.544	0.94	9.447	1.39
N	3471		1053	
Pseudo R^2	0.544		0.576	

註：*** 表示在 1% 的水平上顯著，** 表示在 5% 的水平上顯著，* 表示在 10% 的水平上顯著；表 5.6 中模型 1 的因變量為 *Opin*；由於篇幅所限，表 5.6 中僅列示了重要變量的迴歸結果。

5.5.3 其他的穩健性檢驗

除上述檢驗外，為了控制極端值對實證結果的影響，我們將模型 1 中所有連續變量按上下 1% 分位數進行截取（Winsorize）。即高於上 1% 分位數的樣本按上 1% 分位數取值，低於下 1% 分位數的樣本按下 1% 分位數取值。極端值的剔除對實證結果沒有產生顯著的影響。此外，我們還對模型 1 的全樣本和分組樣本重新進行 Logit 迴歸分析。Probit 和 Logit 的主要區別在於採用的分佈函數不同，前者假設隨機變量服從正態分佈，而后者假設隨機變量服從邏輯概率分佈。採用 Logit 方法后迴歸結果也沒有發生顯著的變化。

5.7 本章小結

客戶重要性與審計質量的關係是國際審計學術界和實務界關注的重要議題。與之前研究不同，本書試圖基於微觀視角考察審計師行業專長對客戶重要性與審計質量關係的影響。我們以 2003—2006 年度中國 A 股上市公司為研究樣本，同時，我們還通過查詢 A 股上市公司 2003—2006 年披露的前期重大會計差錯更正公告，從中識別了 532 家財務重述的公司，將其界定為高風險的樣本組。在此基礎上，我們發現，隨著客戶重要性水平的提高，審計師對高風險客戶出具嚴厲審計意見的可能性逐漸降低。隨后，我們進一步按行業專長進行

分組。研究發現，對於不具備行業專長的審計師來說，客戶重要性水平與其出具嚴厲審計意見的概率仍為顯著負相關；而對於具備行業專長的審計師來說，客戶重要性與審計師出具嚴厲審計意見的概率並不顯著相關。也就是說，隨著審計師行業專長水平的降低，客戶重要性與審計師出具嚴厲審計意見的概率越趨向於負相關。因此，本章的經驗證據顯示，行業專長是影響客戶重要性與審計質量關係的重要的微觀層面因素。行業專長使審計師更擅長評估風險而且更重視行業聲譽，從而抑制了客戶重要性對審計質量的負向影響，使其在進行審計質量時並不會僅僅因為客戶較為重要而妥協。

　　本書的研究從理論上進一步厘清了影響客戶重要性與審計質量關係的微觀因素，為我們深入理解客戶重要性對審計質量的作用機理和實現機制提供了新的理論解釋和研究視角。同時，由於本書關注於審計師對財務重述公司的解讀及反應，因此研究成果對於我們加強審計對財務重述行為的外部治理作用，降低財務重述對資本市場效率的負面影響有一定的幫助。最后，本書的研究結論顯示，審計師的行業專長能夠顯著地抑制客戶重要性的負向影響，這將有利於我們更為深入理解事務所的行業專長發展途徑，並為中國會計師事務所做大做強戰略以及相關審計準則的修訂和完善提供必要的經驗證據和理論支持。

6 結論、研究意義與后續研究方向

客戶重要性對審計質量的影響一直是國際審計學術界和實務界關注的重要議題。近年來，研究者大多從宏觀環境層面視角考察客戶重要性與審計質量的關係，並得到了一定結論，但是從政策意義上而言，宏觀因素往往缺乏可操作性。基於此，本書試圖從微觀層面深入考察影響客戶重要性與審計質量關係的微觀執業環境因素，以期為治理客戶重要性的負面影響提供政策建議。我們的經驗研究具體從客戶和事務所兩個微觀層面展開，分別檢驗了客戶的審計風險、風險性質以及事務所的規模、任期、行業專長對客戶重要性與審計質量關係的影響。本章是對全書的總結，主要由以下三部分組成：一是主要研究結論與啟示；二是本書的創新、貢獻及研究意義；三是本書的局限性及未來研究方向。

6.1 研究結論與啟示

本書試圖從微觀執業環境視角出發基於客戶和事務所層面研究客戶重要性對審計質量的影響。具體而言，我們對客戶的特徵以及事務所的特徵等微觀因素進行了較為深入的實證分析。本書的主要研究結論如下：

1. 隨著客戶審計風險的提高，客戶重要性對審計質量的負面影響在減弱。

首先，本書基於客戶層面考察微觀執業環境因素對客戶重要性與審計質量關係的影響，我們關注對於不同審計風險的客戶，客戶重要性對審計質量的影響。通過查詢A股上市公司2005—2010年披露的前期重大會計差錯更正公告，我們識別了2004—2006年430家存在重大會計差錯的公司，將其界定為審計

風險相對較高的樣本；同時，我們還通過查詢 A 股上市公司 2004—2006 年披露的前期重大會計差錯更正公告，從中識別了 2004—2006 年 480 家更正前期重大會計差錯的公司，將其界定為審計風險相對較低的樣本。在此基礎上，我們發現，對於審計風險相對較高的客戶，客戶重要性與審計師出具嚴厲審計意見的概率並不顯著相關；而對於審計風險相對較低的客戶，客戶重要性水平越高，審計師出具嚴厲審計意見的概率越低。也就是說，審計風險越低，客戶重要性與審計師出具嚴厲審計意見的概率越趨向於負相關。因此，我們的經驗證據顯示，審計風險是影響客戶重要性與審計質量的重要的微觀層面因素，審計師在進行審計報告決策時並不會僅僅因為客戶較為重要而妥協，在面對較高審計風險時，客戶重要性對審計質量的影響是非常有限的。

2. 隨著客戶風險性質趨於嚴重，客戶重要性對審計質量的負面影響在減弱。

對於客戶層面，我們進一步考察了客戶的風險性質對客戶重要性與審計質量關係的影響，並以財務重述的原因衡量客戶的風險性質。研究發現，總體而言，客戶重要性水平越高，審計師越不傾向於對財務重述公司出具嚴厲審計意見；然而，隨著客戶風險性質嚴重程度的提高，客戶重要性與審計師對財務重述公司出具嚴厲審計意見的可能性由負相關轉變為不相關。這一結果表明，客戶重要性對審計質量的負面影響，會受到微觀客戶風險環境的影響。

3. 相對於長任期和大事務所，短任期和小事務所會加強客戶重要性對審計質量的負面影響。

對於事務所微觀層面的研究，我們首先選取了考察審計任期和事務所規模兩個微觀因素。研究發現，總體而言，客戶重要性水平越高，事務所越不傾向於對重大錯報風險出具嚴厲審計意見。而在區分事務所特徵後，我們發現，相對於長任期，短任期時客戶重要性與事務所對重大錯報風險出具嚴厲審計意見的概率更趨向於負相關；相對於小事務所，大事務所審計時，這兩者的關係也更趨向於負相關。這些研究結果表明，客戶重要性與審計質量的關係不僅會受到宏觀制度因素的影響，還會隨著事務所特徵（任期與規模）的變化而發生轉變。

4. 事務所行業專長減弱了客戶重要性對審計質量的負面影響。

對於事務所微觀層面的研究，我們又選取了事務所行業專長為微觀因素進行考察。我們發現，隨著客戶重要性水平的提高，審計師對高風險客戶出具嚴厲審計意見的可能性逐漸降低。隨後，我們進一步按行業專長進行分組。研究發現，對於不具備行業專長的審計師來說，客戶重要性水平與其出具嚴厲審計

意見的概率仍為顯著負相關；而對於具備行業專長的審計師來說，客戶重要性與審計師出具嚴厲審計意見的概率並不顯著相關。也就是說，隨著審計師行業專長水平的降低，客戶重要性與審計師出具嚴厲審計意見的概率越趨向於負相關。因此，這一經驗證據顯示，行業專長是影響客戶重要性與審計質量關係的重要的微觀層面因素。行業專長使審計師更擅長評估風險而且更重視行業聲譽，從而抑制了客戶重要性對審計質量的負向影響，使其在進行審計報告決策時並不會僅僅因為客戶較為重要而妥協。

6.2 本書的創新、貢獻及研究意義

6.2.1 理論價值及意義

本書基於微觀執業環境視角對客戶重要性與審計質量關係進行研究，並主要選取了中國上市公司財務重述為研究樣本，這對於審計學術界所普遍關注的客戶重要性這一議題來說，本身就是一個有益的嘗試。因此，與之前的研究相比，本書的創新之處和理論價值主要體現在以下兩方面：

首先，本研究首次基於微觀執業環境的研究視角考察客戶重要性與審計質量的關係。客戶重要性與審計質量的關係一直以來都是審計理論與政策研究的中心議題，已有研究也對此進行了廣泛的討論，但是並沒有形成一致的結論。近年來，已有研究大多是從宏觀視角解讀客戶重要性與審計質量的關係。但是，宏觀制度環境的改革一般需要經歷一個漫長的過程，這對於審計行業監管機構而言往往是不可控的，而且更為關鍵的是宏觀因素作用的發揮離不開微觀因素的傳導。目前基於微觀執業環境視角考察影響客戶重要性與審計質量關係的文獻相當有限，尚未有研究考慮各種微觀因素的影響。而本書基於客戶微觀特徵和事務所微觀特徵考察審計風險對客戶重要性與審計質量關係的影響，不僅彌補了此方面理論研究的不足，同時也為深入理解客戶重要性對審計質量的作用機制和影響機理提供了新的理論解釋和研究視角。

其次，本研究對中國上市公司財務重述行為進行了更為深入的解讀。在國內外資本市場上，上市公司財務重述問題日益凸現。如何有效減少上市公司的財務重述行為成為監管機構亟須解決的問題。現有文獻雖然已經從投資者、債權人等市場主體的角度對財務重述的經濟後果進行了細緻考察，但卻忽視了作為資本市場重要參與主體與信息仲介——審計師對財務重述的反應。本書考察審計師如何解讀重要的財務重述客戶所蘊含的信息風險，是否以及如何通過決

策行為向其他市場主體傳遞有價值的信號,不僅擴展了財務重述經濟后果的研究領域,更重要的是進一步厘清了財務重述經濟后果的產生機理。另外,不拘泥於現有文獻對財務重述的認知,我們在對財務重述內在原因深入細分的基礎上,重點考察審計師對財務重述所蘊含的風險性質的解讀與反應,不僅有利於我們更好地理解上市公司的財務重述行為,更重要的是填補了財務重述細分研究的理論空白。

6.2.2 實踐意義及政策含義

本書從微觀執業環境視角出發,基於客戶和事務所層面對客戶重要性與審計質量關係的進行了較為深入的實證分析,得到了一系列的經驗結果。我們認為,這些研究結論對於中國目前資本市場的治理與監管具有一定的現實意義和政策含義。

首先,本書的研究結論為監管機構從事務所層面治理客戶重要性的負面影響提供了政策指引。我們的研究結論顯示,相對於長任期、小事務所以及行業專長事務所,短任期、大事務所、非行業專長事務所審計時,客戶重要性對審計質量的負面影響更為顯著。因此,對於監管機構而言,要有效治理客戶重要性對審計質量的不利影響,在治理期間上,應重點關注事務所的初始審計階段以及大型事務所和非行業專長事務所的審計。隨著中國財政部和中註協出抬的一系列促進中國會計師事務所做大做強和風險管控的政策和措施,中國的會計師事務所也進入了快速發展時期,規模的增長和業務領域的擴張加大了審計師的執業風險。在此背景下,本書的研究成果將為中國會計師事務所風險管理行為的監管、註冊會計師強制輪換政策、事務所做大做強政策以及相關審計準則的修訂與完善提供必要的經驗支持和政策建議。

最後,本書的研究結論為治理中國上市公司財務重述行為提供了有益途徑。研究結論顯示,作為重要的信息仲介,審計師會通過出具嚴厲的審計意見向資本市場傳遞有關財務重述所蘊含風險的信號。當公司進行財務重述時,財務報告使用者應特別關注審計師出具的審計意見,以獲取有價值的信息幫助其決策。這一結論進而支持了外部審計是公司治理不可或缺的重要組成部分,對財務重述治理作用的發揮必須建立在對審計師反應有著清晰理解的基礎之上。因此,本書對於理解和發揮審計對財務重述的治理作用,進一步提高中國資本市場配置效率也具有重要的現實意義。

6.3 本書的局限性及未來研究方向

6.3.1 研究局限性

6.3.1.1 財務重述樣本的研究期間

本書在第二章和第三章中對客戶層面的考察主要是基於客戶的審計風險來進行的。而對於客戶的審計風險，我們的研究是以其發生財務重述的可能性來衡量的。具體而言，我們是以當期存在重大會計差錯的公司界定為審計風險相對較高的樣本，而把當期披露的前期重大會計差錯更正公告的公司界定為審計風險相對較低的樣本。這樣，我們在樣本選擇時首先需要確定當期存在重大會計差錯的公司，而這些樣本公司通常需要在差錯發生期一年或者幾年後披露的前期重大會計差錯更正公告中進行識別，因此，我們目前將樣本選擇的期間界定在 2006 年，以使在之後更長時期內披露的前期重大會計差錯更正公告中識別到樣本期內更為有效的審計風險較高的樣本。事實上，在研究中我們是以 2006—2011 年的前期差錯更正公告收集 2006 年當期存在重大會計差錯的樣本的。由於目前我們的研究樣本只能來源於 2006 年及以前的上市公司，因此，我們的研究期間可能存在一定局限性。

6.3.1.2 客戶重要性的界定與計量

我們的研究試圖檢驗微觀執業環境因素對客戶重要性與審計質量關係的影響。然而，目前我們所做的研究主要圍繞不同微觀執業環境因素展開，而忽視了對客戶重要性進行更為準確的界定。我們之前所做的研究都借鑑了已有研究的做法（Chen, Sun and Wu, 2010；喻小明、聶新軍與劉華，2008），以特定上市公司客戶資產自然對數與事務所所有上市公司資產自然對數之和的比值計量客戶重要性水平。我們主要關注客戶以及事務所層面的客戶重要性，而沒有更進一步研究審計師個體層面或者分所層面上客戶重要性的影響。然而，事實上，客戶是否重要可能更多取決於審計師個體，而不是事務所整體。本研究僅僅以事務所層面上以客戶對事務所的重要性程度來界定客戶重要性的做法可能比較粗糙。另外，由於數據收集上的問題，我們沒有將非上市公司納入研究範圍，這使得在計算客戶重要性水平時可能存在偏差。這些問題我們會在進一步的研究中予以解決。

6.3.2 未來研究方向

本書試圖從客戶和事務所兩個層面研究可能影響客戶重要性與審計質量關係的微觀執業環境因素。我們考察了客戶的審計風險、風險性質以及事務所的規模、任期、行業專長等微觀因素。但是我們的研究始終關注於審計市場中客戶和事務所兩方主體，並沒有考慮到審計師個體層面的特徵和屬性可能發揮的影響。而且我們的研究也始終關注於審計市場中的全樣本問題，尚未考慮部分樣本可能存在特殊問題。因此，未來的研究中，我們將更為細緻更為深入地考慮審計師個體本身的屬性以及動態微觀執業環境，並以此作為微觀執業環境因素的考慮。

6.3.2.1 審計師個體層面的考慮

我們的后續研究試圖基於審計師層面考察客戶重要性對審計質量的影響。基於可觀察性和重要性的考慮，我們將集中研究審計師的性別、年齡、教育背景和執業經歷。這些特徵可能會影響審計師的風險偏好、判斷能力、技術專長、以及執業經驗，進而決定著審計師對重要客戶信息風險的認知和反應。例如，從已有的認知心理學研究可知，女性運用更加細緻的信息處理方法，發生認知扭曲的可能性較小（Chung and Monroe, 1998）。更重要的是，女性比男性更加厭惡風險（Byrnes and Miller, 1999）。因此，相對於男性審計師，女性審計師可能更不易受到重要客戶施加的經濟壓力的影響。而我們的經驗分析主要通過比較不同審計師個體特徵下審計師對重要財務重述客戶風險反應的差異展開。

6.3.2.2 動態微觀環境的考慮

我們的后續研究將關注於中國審計市場中的動態環境——事務所合併。近年來，中國會計師事務所在政策指引下不斷地進行合併、擴張，為我們提供了大量事務所合併的樣本，這使我們可以在一個動態的環境下考察客戶重要性對審計質量的影響。由於事務所的合併不會改變其本身的專業勝任能力，而是會顯著地改變事務所的規模，進而改變客戶相對於事務所的重要性。因此，與大型會計師事務所和小型會計師事務所的橫向比較不同，我們試圖研究同一家會計師事務所在合併前后客戶重要性對審計質量的影響，不僅能更為單純地考察客戶重要性的動態影響，而且還排除了專業勝任能力以及聲譽對兩者關係的影響。這樣，中國會計師事務所的合併樣本將有助於我們更為純粹地研究客戶重要性對審計質量的作用機制和實現機理，並為我們的研究提供更為豐富的經驗證據。

參考文獻

[1] 蔡春, 鮮文鐸. 會計師事務所行業專長與審計質量相關性的檢驗——來自中國上市公司審計市場的經驗證據 [J]. 會計研究, 2007 (6): 41-47.

[2] 曹強. 中國上市公司財務重述原因分析 [J]. 經濟管理, 2010 (10): 119-126.

[3] 曹強, 陳漢文, 王良成. 財務重述、信息風險與市場認知——基於審計師視角的經驗證據 [J]. 中國會計與財務研究, 2012, 14 (4): 1-64.

[4] 曹強, 葛曉艦. 事務所任期、行業專門化與財務重述 [J]. 審計研究, 2009 (6): 59-68.

[5] 陳凌雲. 上市公司年報補充及更正行為研究 [D]. 廈門大學博士學位論文. 2006.

[6] 陳信元, 夏立軍. 審計任期與審計質量: 來自中國證券市場的經驗證據 [J]. 會計研究, 2006 (1): 44-53.

[7] 陳曉敏, 胡玉明, 周茜. 財務重述經濟后果研究評述 [J]. 外國經濟與管理, 2010 (6): 59-64.

[8] 何威風. 財務重述: 國外研究評述與展望 [J]. 審計研究, 2010 (2): 97-102.

[9] 方軍雄. 獨立審計職業聲譽機制研究 [J]. 中國註冊會計師, 2009 (3): 34-38.

[10] 方軍雄, 洪劍峭, 李若山. 中國上市公司審計質量影響因素研究: 發現與啟示 [J]. 審計研究, 2004 (6): 35-43.

[11] 顧鳴潤, 余怒濤. 基於上市公司法律制度變遷、客戶重要性與審計質量的關係研究 [J]. 統計與決策, 2011 (18): 149-152.

[12] 胡本源. 重要客戶損害了審計獨立性嗎?——來自中國證券市場的經驗證據 [J]. 財貿研究, 2008, (5): 123-131.

［13］胡南薇，陳漢文，曹強.事務所戰略、行業特徵與客戶選擇［J］.會計研究，2009（1）：88-95.

［14］胡南薇，陳漢文.客戶重要性、審計風險與審計報告決策［J］.中央財經大學學報，2014，（6）：52-59.

［15］李春濤，宋敏，黃曼麗.審計意見的決定因素：來自中國上市公司的證據［D］.中國會計評論，2006（2）：345-361.

［16］李明輝，劉笑霞.客戶重要性與審計質量關係研究：公司治理的調節作用［J］.財經研究，2013，39（3）.

［17］李爽，吳溪.審計定價研究：中國證券市場的初步證據［M］.中國財政經濟出版社.2003.

［18］劉啟亮，陳漢文，姚易偉.客戶重要性與審計質量——來自中國上市公司的經驗證據［J］.中國會計與財務研究，2006，8（4）：47-94.

［19］劉啟亮.事務所任期與審計質量——來自中國證券市場的經驗證據［J］.審計研究，2006（4）：40-49.

［20］劉學華，楊舒先.客戶重要性與審計師獨立性實證研究——來自上市公司1998-2006年的初步證據［J］.中國管理信息化，2009，12（20）：46-50.

［21］魯桂華，余為政，張晶.客戶相對規模、非訴訟成本與審計意見決策［J］.中國會計評論，2007（1）：95-110.

［22］陸正飛，王春飛，伍利娜.制度變遷、集團客戶重要性與非標準審計意見［J］.會計研究，2012（10）：71-78.

［23］羅黨論，黃旸楊.會計師事務所任期會影響審計質量嗎？——來自中國上市公司的經驗證據［J］.中國會計評論，2007，5（2）：233-248.

［24］呂偉，於旭輝.客戶依賴、審計師獨立性與審計質量——來自上市公司的經驗證據［J］.財貿研究，2009，20（3）：128-133.

［25］倪慧萍.客戶重要性對審計質量影響的理論分析與經驗證據［J］.南京審計學院學報，2008，5（4）：41-45.

［26］宋常，惲碧琰.上市公司首次披露的非標準審計意見信息含量研究［J］.審計研究，2005（1）：32-40.

［27］宋衍蘅，付浩.事務所任期會影響審計質量嗎？——來自發布補充更正公告的上市公司的經驗證據［J］.會計研究，2012（1）：75-80.

［28］王良成，廖義剛，曹強.政府管制變遷與審計意見監管有用性——基於中國SEO管制變遷的實證研究［J］.經濟科學，2011，（2）：89-102.

[29] 王霞, 張為國. 財務重述與獨立審計質量 [J]. 審計研究, 2005 (3): 56-61.

[30] 王毅輝, 魏志華. 財務重述研究述評 [J]. 證券市場導報, 2008 (3): 55-60.

[31] 王躍堂, 趙子夜. 股權結構影響審計意見嗎? 來自滬深股市的經驗證據 [J]. 中國會計與財務研究, 2003 (4): 1-50.

[32] 魏志華, 李常青, 王毅輝. 中國上市公司年報重述公告效應研究 [J]. 會計研究, 2009 (8): 31-39.

[33] 武恒光, 張龍平. 經濟依賴度、盈余管理水平與審計獨立性——來自上市商業銀行的經驗證據 [J]. 財經理論與實踐, 2012, 33 (4): 74-79.

[34] 吳溪. 會計師事務所為新承接的審計客戶配置了更有經驗的項目負責人嗎? [J]. 中國會計與財務研究, 2009 (3): 1-28.

[35] 夏冬林, 林震昃. 中國審計市場的競爭狀況分析 [J]. 會計研究, 2003 (3): 40-46.

[36] 夏立軍, 陳信元, 方軼強. 審計任期與審計獨立性: 來自中國證券市場的經驗證據 [J]. 中國會計與財務研究, 2005, 7 (1): 54-101.

[37] 於鵬. 股權結構與財務重述: 來自上市公司的證據 [J]. 經濟研究, 2007 (9): 134-144.

[38] 余玉苗. 行業知識、行業專門化與獨立審計風險的控制 [J]. 審計研究, 2004 (5): 63-67.

[39] 喻小明, 聶新軍, 劉華. 審計師客戶重要性影響審計質量嗎?——來自A股市場2003—2006年的證據 [J]. 會計研究, 2008 (10): 66-72.

[40] 原紅旗, 韓維芳. 簽字會計師的執業特徵與審計質量 [J]. 中國會計評論, 2012, 10 (3): 275-302.

[41] 張繼勛, 張麗霞. 客戶重要性與審計談判 [J]. 審計研究, 2011 (3): 56-63.

[42] 張為國, 王霞. 中國上市公司會計差錯的動因分析 [J]. 會計研究, 2004 (4): 24-29.

[43] 章永奎, 劉峰. 盈余管理與審計意見相關性實證研究 [J]. 中國會計與財務研究, 2002 (1): 1-14.

[44] 周洋, 李若山. 上市公司年報『補丁』的特徵和市場反應 [J]. 審計研究, 2007 (4): 67-73.

[45] Abdel-Meguid A M, Ahmed A S, Duellman S. Auditor independence,

corporate governance and aggressive financial reporting: an empirical analysis [J]. Journal of Management & Governance, 2011, 17 (2): 283-307.

[46] Ahmed A S, Duellman S, Abdel Meguid A M. Auditor independence, corporate goverance and abnormal accruals [R]. American Accounting Association 2006 Annual Meeting, Wasington, D. C., 2006

[47] Anderson, K. L. and Yohn, T. L. The effect of 10-K restatements on firm value, information asymmetries, and investors' reliance on earnings [J]. Working paper, Georgetown University. 2002.

[48] Asare, S., and W. R. Knechel. Termination of information evaluation in auditing [J]. Journal of Behavioral Decision Making, 1995, 8 (1): 21-31.

[49] Asare, S., J. R. Cohen, and G. Trompeter. The effect of management integrity and non-audit services on client acceptance and staffing decisions [J]. Working paper, University of Florida, 2002.

[50] Ashbaugh, H., LaFond, R., and Mayhew, B. W. Do non-audit services compromise auditor independence? Further evidence [J]. The Accounting Review, 2003, 78 (3): 611-639.

[51] Balsam, S., Krishnan, J., Yang, J. S., Auditor industry specialization and earnings quality [J]. Auditing: A Journal of Practice and Theory, 2003, 22 (2): 71-97.

[52] Bartov, E., F. Gul, and J. Tsui. Discretionary-accruals models and audit qualifications [J]. Journal of Accounting and Economics, 2000, 30 (3): 421-452.

[53] Beaulieu, P. The effects of judgments of new clients' integrity upon risk judgments, audit evidence, and fees [J]. Auditing: A Journal of Practice and Theory, 2001, 20 (2): 85-100.

[54] Bedard, J., and A. M. Wright. The functionality of decision heuristics: Reliance on prior audit adjustments in evidential planning [J]. Behavioral Research in Accounting, 1994, (6): 62-89.

[55] Bell, T. B., J. C. Bedard, K. M. Johnstone, and E. F. Smith. KRiskSM: A Computerized Decision Aid for Client Acceptance and Continuance Risk Assessments [J]. Auditing: A Journal of Practice &Theory, 2002, 21 (2): 97-113.

[56] Bell, T. B., W. R. Landsman, and D. A. Shackelford. Auditors'

perceived business risk and audit fees. Analysis and evidence [J]. Journal of Accounting Research, 2001, 39 (1): 35-43.

[57] Bierstaker, J., and A. Wright. The effects of fee pressure and partner pressure on audit planning decision [J]. Advances in Accounting, 2001, (18): 25-46.

[58] Blay, A. D., and M. Geiger. Market Expectations for First-time Going-concern Recipients [J]. Journal of Accounting, Auditing and Finance, 2001, 16 (3): 209-226.

[59] Bradshaw, M., S. Richardson, and R. Sloan. Do analysts and auditors use information in accruals? [J]. Journal of Accounting Research, 2001, 39 (1): 45-73.

[60] Burns, N. and Kedia, S. Executive option exercises and financial misreporting [J]. Journal of Banking and Finance, 2008, 32 (5): 845-857.

[61] Callen, J. L., Robb, S. W. G., and Segal, D. Revenue manipulation and restatements by loss firms [J]. Auditing: A Journal of Practice & Theory, 2008, 27 (2): 1-29.

[62] Carcello, J., A. Nagy. Audit Firm Tenure and Fraudulent Financial Reporting [J]. Auditing: A Journal of Practice &Theory, 2004, 23 (2): 55-70.

[63] Casterella, J., J. Frances, B. Lewis, and P. Walker. Auditor industry specialization, client bargaining power, and audit pricing [J]. Auditing, 2004, 23 (1): 123-140.

[64] Chen, C., Chen, S., and Su, X. Profitability regulation, earnings management and modified audit opinions: Evidence formChina [J]. Auditing: A Journal of Practice & Theory, 2001, 20 (2): 9-30.

[65] Chen, S., Sun, S. Y. J., and Wu, D. Client importance, institutional improvements, and audit quality in China: An office and individual auditor level analysis [J]. The Accounting Review, 2010, 85 (1): 127-158.

[66] Chi, W., E. B. Douthett., and L. L. Lisic. Client Importance and Audit Partner Independence [J]. Journal of Accounting and Public Policy, 2012, 31 (3): 320-336.

[67] Chung, H. and Kallapur, S. Client importance, non-audit fees, and abnormal accruals [J]. The Accounting Review, 2003, 78 (4): 931-966.

[68] Clogg, C., E. Petkova, and A. Haritou. Statistical Methods for Comparing

Regression Coefficients between Models [J]. American Journal of Sociology, 1995, 100 (5): 1261-1293.

[69] Cohen, J. R., and D. M. Hanno. Auditors' consideration of corporate governance and management control philosophy in preplanning and planning judgments [J]. Auditing: A Journal of Practice and Theory, 2000, 19 (2): 133-146.

[70] Collins, D., Reitenga, A. L, and Sanchez, J. M. The impact of accounting restatements on CFO turnover and bonus compensation: Does securities litigation matter [J]. Advances in Accounting, 2008, 24 (2): 162-171.

[71] Craswell, A., Stokes, D. J., and Laughton, J. Auditor independence and fee dependence [J]. Journal of Accounting and Economics, 2002, 33 (2): 253-275.

[72] Davis, L., D. Ricchiute, and G. Trompeter. Audit effort, audit fees, and the provision of non-audit services to audit clients [J]. The Accounting Review, 1993, 68 (1): 135-150.

[73] DeAngelo, L. Auditor size and audit quality [J]. Journal of Accounting and Economics, 1981, 3 (3): 183-199.

[74] DeFond, M. L., and J. R. Francis. Audit Research after Sarbanes-Oxley [J]. Auditing: A Journal of Practice & Theory, 2005, 24 (Supplement): 5-30.

[75] DeFond, M., Wong, T. J., and Li, S. The impact of improved auditor independence on audit market concentration in China [J]. Journal of Accounting and Economics, 1999, 28 (3): 269-305.

[76] DeFond, M. L., Raghunandan, K., and Subramanyam, K. R. Do non-audit service fees impair auditor independence? Evidence from going concern audit opinions [J]. Journal of Accounting Research, 2002, 40 (4): 1247-1274.

[77] Desai, H., Hogan, C., and Wilkins, M. The reputational penalty for aggressive accounting: Earnings restatements and management turnover [J]. The Accounting Review, 2006, 81 (1): 83-112.

[78] Elder, R. J., and R. D. Allen. A longitudinal field investigation of audit risk assessments and sample size decisions [J]. The Accounting Review, 2003, 78 (4): 983-1002.

[79] Elder, R., Zhang, Y., Zhou, J. Zhou, N. Internal control weaknesses and client risk management. Journal of Accounting [J]. Auditing and Finance, 2009, 24 (4): 543-579.

[80] Ferguson, A., Seow, G., and Young, D. Non-audit services and earnings management: UK evidence [J]. Contemporary Accounting Research, 2004, 21 (4): 813-841.

[81] Francis, J., and B. Ke. Disclosure of fees paid to auditors and the market valuation of earnings surprises [J]. Review of Accounting Studies, 2006, 11 (4): 495-523.

[82] Francis, J., and J. Krishnan.. Accounting accruals and auditor reporting conservatism [J]. Contemporary Accounting Research, 1999, 16 (1): 135-165.

[83] Francis. J. R.. Are Auditors Compromised by Non-audit Services? Assessing the Evidence [J]. Contemporary Accounting Research, 2006, 23 (3): 747-760.

[84] Fukukawa, H., T. Mock, and A. Wright.. Audit program plans and audit risk: A study of Japanese practice [J]. Working paper, Nagasaki University. 2005.

[85] Gaver. J. and Paterson, J. The influence of large clients on office-level auditor oversight: Evidence from the property – casualty insurance industry [J]. Journal of Accounting and Economics, 2007, 43 (2-3): 299-320.

[86] Geiger, M. and Raghunandan, K. Auditor tenure and audit reporting failures [J]. Auditing: A Journal of Practice & Theory, 2002, 21 (1): 68-78.

[87] General Accounting Office. Financial statement restatement: Trend, market impacts, regulatory responses, and remaining challenges [J]. Washington D. C. GAO-03-138. 2002.

[88] Ghosh, A., Kallapur, S., andMoon, D. Audit and non-audit fees and capital market perceptions of auditor independence [J]. Journal of Accounting and Public Policy, 2009, 28 (5): 369-385.

[89] Glover, S., J. Jiambalvo, and J. Kennedy. Analytical procedures and audit planning decisions [J]. Auditing: A Journal of Practice and Theory, 2000, 19 (2): 27-45.

[90] Graham, J. R., Li, S., and Qiu, J. P. Corporate misreporting and bank loan contracting [J]. The Journal of Financial Economics, 2008, 89 (1): 44-61.

[91] Guess, A., T. Louwers, and J. Strawser. The role of ambiguity in auditors' determination of budgeted audit hours [J]. Behavioral Research in Accounting, 2000, (12): 119-138.

[92] Houston, R. W. The effect of fee pressure and the client risk on audit

seniors' time budget decisions [J]. Auditing: A Journal of Practice and Theory, 1999, 18 (2): 70-86.

[93] Hribar, P. and Jenkins N. T. The effect of accounting restatements on earnings revisions and the estimated cost of capital [J]. Review of Accounting Studies, 2004, 9 (2-3): 337-356.

[94] Hunt, A. K. and Lulseged, A. Client importance and non-big 5 auditors' reporting decisions [J]. Journal of Accounting and Public Policy, 2007, 26 (2): 212-248.

[95] Johnson, W. and T. Lys. 1990. The market for audit services: Evidence from voluntary auditor changes [J]. Journal of Accounting and Economics 12 (1-3): 281-308.

[96] Johnstone, K. M. Client acceptance decisions: simultaneous effects of client business risk, audit risk, auditor business risk, and risk adaptation [J]. Auditing: A Journal of Practice and Theory, 2000, 19 (1): 1-27.

[97] Johnstone, K. M., and J. C. Bedard. Engagement planning, bid pricing, and client response in the market for initial attest engagements [J]. The Accounting Review, 2001, 76 (2): 199-220.

[98] Johnstone, K. M., and J. C. Bedard. Risk management in client acceptance decision [J]. The Accounting Review, 2003, 78 (4): 1003-1025.

[99] Johnstone, K. M., and J. C. Bedard. Audit firm portfolio management decisions [J]. Journal of Accounting Research, 2004, 42 (4): 659-690.

[100] Johnstone, K. M., and J. C. Bedard. Audit planning and pricing during the period surrounding passage of the Sarbanes-Oxley Act [J]. Working paper, University of Wisconsin-Madison. 2005

[101] Kedia, S. and Philippon, T. The economics of fraudulent accounting [J]. Review of Financial Studies, 2009, 22 (6): 2169-2199.

[102] Khurana, I., and K. K. Raman. Do investors care about the auditor's economic dependence on the client? [J]. Contemporary Accounting Research, 2006, 4 (23): 977-1016.

[103] Kravet, T, and Shevlin, T. Accounting restatement and information risk [J]. Review of Accounting Study, 2010, 15 (2): 264-294.

[104] Krishnan G. Does Big 6 auditor industry expertise constrain earnings management? [J]. Accounting Horizons, 2003, Supplement: 1-16.

[105] Krishnan, J. and Krishnan, J. Litigation risk and auditor resignations [J]. The Accounting Review, 1997, 72 (4): 539-560.

[106] Krishnan, J., H. Sami, and Y. Zhang. Does the provision of non-audit services affect investor perceptions of auditor independence? [J]. Auditing: A Journal of Practice and Theory, 2005, 24 (2): 111-135.

[107] Lev, B. Corporate earnings: Facts and fiction [J]. Journal of Economic Perspectives, 2003, 17 (2): 27-50.

[108] Levitt, A. Testimony concerning commission's auditor independence proposal before the senate subcommittee on securities committee on banking, housing, and urban affairs on September 28, http://www.sec.gov/news/testmony/ts152000.htm. 2000.

[109] Li, C. Does client importance affect auditor independence at the office level? Empirical evidence from going-concern opinions [J]. Contemporary Accounting Research, 2009, 26 (1): 201-230.

[110] Loudder, M. L., I. K. Khurana, R. B. Sawyers, C. Cordery, C. Johnson, J. Lowe, and R. Wunderle. The Information Content of Audit Qualifications [J]. Auditing: A Journal of Practice &Theory, 1992, 11 (1): 69-82.

[111] Low, K. Y. The effects of industry specialization on audit risk assessments and audit-planning decisions [J]. The Accounting Review, 2004, 79 (1): 201-219

[112] Lys, T. and Watts, R. L. Lawsuits against auditors [J]. Journal of Accounting Research, 1994, 32 (Supplement): 65-93.

[113] McNichols, M. F. and Stubben, S. R. Does earnings management affect firms' investment decisions [J]. The Accounting Review, 2008, 83 (6): 1571-1603.

[114] Mock, T. J., and A. Wright. An exploratory study of auditors' evidential planning judgments [J]. Auditing: A Journal of Practice and Theory, 1993, 12 (2): 39-61.

[115] Mock, T. J., and A. Wright. Are audit program plans risk adjusted? [J]. Auditing: A Journal of Practice and Theory, 1999, 18 (1): 55-74.

[116] Myers, J. N., Myers, L. A., and Omer, T. C. Exploring the term of the auditor-client relationship and the quality of earnings: A case for mandatory auditor rotation [J]. The Accounting Review, 2003, 78 (3): 779-799.

[117] Niemi, L. Do firm pay for audit risk? Evidence on risk premiums in audit fees after direct control for audit effort [J]. International Journal of Auditing, 2002, 6 (1): 37-51.

[118] O'Keefe, T. B., D. A. Simusic, and M. T. Stein. The production of audit services: Evidence from a major public accounting firm [J]. Journal of Accounting Research, 1994, 32 (2): 241-261.

[119] Palmrose, Z. An analysis of auditor litigation and audit service quality [J]. TheAccounting Review, 1988, 63 (1): 55-73.

[120] Palmrose, Z-V. and Scholz, S. The circumstances and legal consequences of non-GAAP reporting: Evidence from restatements [J]. Contemporary Accounting Research, 2004, 21 (1): 139-180.

[121] Palmrose, Z-V., Richardson, V. J., and Scholz, S. Determinants of market reactions to restatement announcements [J]. Journal of accounting and Economics, 2004, 37 (1): 59-89.

[122] Plumlee, M. and Yohn T. An analysis of the underlying causes of restatements [J]. Accounting Horizons, 2010, 24 (1): 41-64.

[123] Pratt, J., and J. D. Stice. The effect of client characteristics on auditor litigation risk judgments, required audit evidence, and recommended audit fees [J]. The Accounting Review 1994, 69 (4): 639-656.

[124] Public Oversight Board. In the Public Interest: A Special Report by the Public Oversight Board of the SEC Practice Section [J]. AICPA. Stamford, CT. 1993.

[125] Reynolds, J. K. and Francis J. R. Does size matter? The influence of large clients on office-level auditor reporting decisions [J]. Journal of Accounting and Economics, 2001, 30 (3): 375-400.

[126] Sharma V D, Sharma D S, Ananthanarayanan U. Client Importance and Earnings Management: The Moderating Role of Audit Committees [J]. Auditing: A Journal of Practice & Theory, 2011, 30 (3): 125-156.

[127] Scholz, S. The changing nature and consequence of public company financial restatements: 1998—2006 [J]. Treasury Department Report, 2008.

[128] Shields, M. D., I. Solomon, and O. R. Whittington. An experimental investigation of industry specialization and auditors' knowledge structures [R]. Working paper. Michigan State University, 1996.

[129] Shu, S. 2000. Auditor resignations: Clientele effects and legal liability [J]. ournal of Accounting and Economics 29 (2): 173-205.

[130] Simusic, D. A., and M. T. Stein. The impact of litigation risk on audit pricing: A review of the economic and the evidence [J]. Auditing: A Journal of Practice and Theory, 1996, 15 (Supplement): 119-134.

[131] Srinivasan. S. Consequences of financial reporting failure for outside directors: Evidence from accounting restatements and audit committee members [J]. Journal of Accounting Research, 2005, (May): 291-334.

[132] Stanley, J. D., F. T. DeZoort. Audit Firm Tenure and Financial Restatements: An Analysis of Industry Specialization and Fee Effects [J]. Journal of Accounting and Public Policy, 2007, 26: 131-159.

[133] Stice, J. D. Using financial and market information to identify pre-engagement factors associated with lawsuits against auditors [J]. The Accounting Review, 1991, 66 (3): 516-533.

[134] Taylor, M. H. and Simon, D. T. Determinants of audit fees: The importance of litigation, disclosure, and regulatory burdens in audit engagements in 20 countries [J]. The International Journal of Accounting, 1999, 34 (3): 375-388.

[135] Watts, R. and Zimmerman, J. Agency problems, auditing, and the theory of the firm: Some evidence [J]. Journal of Law and Economics, 1983, 26 (3): 613-33.

[136] Watts, R. and J. Zimmerman. 1986. Positive Accounting Theory [M]. Englewood Cliffs: Prentice Hall.

[137] Wright, A., and J. Bedard. Decision processes in audit evidential planning: A multistage investigation [J]. Auditing: A Journal of Practice and Theory, 2000, 19 (1): 123-143.

[138] Wright, S., and A. Wright. The effect of industry experience on hypothesis generation and auditplanning decisions [J]. Behavioral Research in Accounting, 1997, (9): 273-294

[139] Wu, M. Earning restatements: A capital markets perspective [J]. Ph. D. dissertation, New York University. 2002.

[140] Zhou, G., and X. Zhu. Client Importance and Auditor Independence: the Effect of Asian Financial Crisis [J]. Australian Accounting Review, 2012, 22 (4): 371-383.

國家圖書館出版品預行編目(CIP)資料

客戶重要性與審計質量——基於微觀執業環境視角的研究 / 胡南薇 著. -- 第一版.-- 臺北市：崧燁文化，2018.08

面；　公分

978-957-681-585-0(平裝)

1.審計 2.顧客關係管理

495.9　　　　107014294

書　　名：客戶重要性與審計質量——基於微觀執業環境視角的研究
作　　者：胡南薇 著
發 行 人：黃振庭
出 版 者：崧博出版事業有限公司
發 行 者：崧燁文化事業有限公司
E-mail：sonbookservice@gmail.com
粉絲頁　　　　　網　　址：
地　　址：台北市中正區重慶南路一段六十一號八樓815室
8F.-815, No.61, Sec. 1, Chongqing S. Rd., Zhongzheng Dist., Taipei City 100, Taiwan (R.O.C.)
電　　話：(02)2370-3310　傳　真：(02) 2370-3210
總 經 銷：紅螞蟻圖書有限公司
地　　址：台北市內湖區舊宗路二段121巷19號
電　　話：02-2795-3656　　傳真：02-2795-4100　網址：
印　　刷：京峯彩色印刷有限公司（京峰數位）

　　本書版權為西南財經大學出版社所有授權崧博出版事業有限公司獨家發行電子書繁體字版。若有其他相關權利及授權需求請與本公司聯繫。

定價：200 元

發行日期：2018 年 8 月第一版

◎ 本書以POD印製發行